· 四川省 2021—2022 年度重点图书出版规划项目
· 四川出版发展公益基金会资助项目
· 中国会馆建筑遗产研究丛书

湖广会馆

赵逵　党一鸣　詹洁◎著

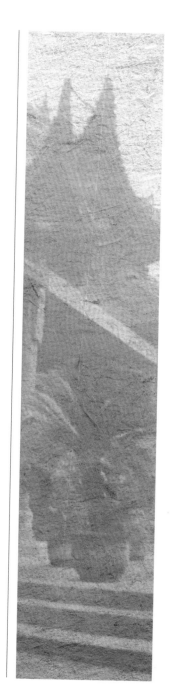

西南交通大学出版社
·成都·

图书在版编目（CIP）数据

湖广会馆 / 赵逵，党一鸣，詹洁著. -- 成都：西南交通大学出版社，2025.1
ISBN 978-7-5643-9750-0

Ⅰ．①湖… Ⅱ.①赵… ②党… ③詹… Ⅲ.①会馆公所-古建筑-建筑艺术-研究-湖广 Ⅳ.①TU-092.2

中国国家版本馆 CIP 数据核字（2024）第 044335 号

Huguang Huiguan

湖广会馆

赵 逵 党一鸣 詹 洁 著

策划编辑	赵玉婷
责任编辑	杨 勇
责任校对	左凌涛
封面设计	曹天擎

出版发行	西南交通大学出版社
	（四川省成都市金牛区二环路北一段 111 号
	西南交通大学创新大厦 21 楼）
邮政编码	610031
营销部电话	028-87600564　028-87600533
审图号	GS 川（2024）283 号
网址	https://www.xnjdcbs.com
印刷	四川玖艺呈现印刷有限公司

成品尺寸	170 mm×240 mm
印张	14.75
字数	205 千
版次	2025 年 1 月第 1 版
印次	2025 年 1 月第 1 次
定价	103.00 元
书号	ISBN 978-7-5643-9750-0

　　明清至民国，在中国大地甚至海外，建造了大量精美绝伦的会馆。中国会馆之美，不仅有雕梁画栋之美，而且有其背后关于历史、地理、人文、交通、移民构成的商业交流、文化交流的内在关联之美，这也是一种蕴藏在会馆美之中的神奇而有趣的美。明清会馆到明中晚期才开始出现，这个时候在史学界被认为是中国资本主义萌芽、真正的商业发展时期，到了民国，会馆就逐渐消亡了，所以我们现在看到的会馆都是晚清民国留下来的，现在各地驻京办事处、驻汉办事处，就带有一点过去会馆的性质。

　　会馆是由同类型的人在交流的过程当中修建的建筑：比如"江西填湖广、湖广填四川"大移民中修建的会馆，即"移民会馆"；比如去远方做生意的同类商人也会建"商人会馆"或"行业会馆"，像船帮会馆，就是船帮在长途航行时在其经常聚集的地方建造的祭拜行业保护神的会馆，而由于在不同流域有不同的保护神，所以船帮会馆也有很多名称，如水府庙、杨泗庙、王爷庙等。会馆的主要功能是有助于"某类人聚集在一起，对外展现实力，对内切磋技艺，联络感情"，它往往又以宫堂庙宇中神祇的名义出现。湖广人到外省建的会馆就叫禹王宫，江西人建万寿宫，福建人建天后宫，山陕人建关帝庙，等等。

很多人会问："会馆为什么在明清时候出现？到了民国的时候就慢慢地消失了？"其实在现代交通没有出现的时候，如没有大规模的人去外地，则零星的人就建不起会馆；而在交通非常通畅的时候，比如铁路出现以后，大规模的人远行又可以很快回来，会馆也没有存在的必要。只有当大规模人口流动出现，且流动时间很长，数个月、半年或更久才能来回一趟，则在外地的人就会有思乡之情，由此老乡之间的互相帮助才会显现，同行业的人跟其他行业争斗、分配利益，需要扎堆拧成绳的愿望才会更强。明清时期，在商业群体中，商业纷争很大程度上是通过会馆、公所来解决的，因此在业缘型聚落里，会馆起着管理社会秩序的重要作用。同时，会馆还会具备一些与个人日常生活相关的社会功能，比如：有的会馆有专门的丧房、停尸房，因过去客死外地的人都要把遗体运回故乡，所以会先把遗体寄存在其同乡会馆里，待条件具备的时候再运回故乡安葬；也有一些客死之人遗体无法回乡，便由其同乡会馆统一建造"义冢"，即同乡坟墓，这在福建会馆、广东会馆中尤为普遍。

　　会馆还有一个重要功能即"酬神娱人"，所有会馆都以同一个神的名义把这些人们聚集在一起。在古代，聚集这些人的活动主要是唱大戏，演戏的目的是酬神，同时用酬神的方式来娱乐众生。商人们为了表现自己的实力，在戏楼建设方面不遗余力，谁家唱的戏大、唱的戏多，谁就更有实力，更容易在商业竞争中胜出。所以戏楼在古代会馆中颇为重要，比如湖广会馆现在依然是北京一个很重要的交流、唱戏和吃饭的戏窝子。中国过去有三个很重要的戏楼会馆：北京的湖广会馆、天津的广东会馆、武汉的山陕会馆。京剧的创始人之一谭鑫培去北京的时候，主要就在北京的湖广会馆唱戏，孙中山还曾在这里演讲，国民党的成立大会就在这里召开。如今北京湖广会馆仍然保存下来一个20多米跨度的木结构大戏楼。这么大的跨度现在用钢筋混凝土也不容易建起来，在清中期做大跨度木结构就更难了。天津的广东会馆也有一个20多米大跨度的戏楼，近代革命家如孙中山、黄兴等，都曾选择这里做演讲，现在这里成为戏剧博物馆，每天仍有戏曲在上演。武汉的山陕会馆只剩下一张老照片，现在武汉园博园门口复建了一个山陕会馆，但跟当年山陕会馆的规模不可同日而语。《汉口竹枝词》对山陕会馆有这么一些描述："各帮台戏早标红，探戏闲人信息通"，意思是戏还没开始，各帮台戏就已经标红、已经满座了，而路上全是在互相打听那边的戏是什么样儿的人；"路上更逢烟桌子，但随他去不愁空"，即路上摆着供人喝茶、抽烟的桌子，人们坐在那儿聊天，因为人很多，所以不用担心人员流动会导致沿途摆的茶位放空。现今三大会馆的两个还在，只可惜汉口的山陕会馆已经消失了。

从会馆祭拜的神祇也能看出不同地域文化的特点。

湖广移民会馆叫"禹王宫"，为什么祭拜大禹？其实这跟中国在明清之际出现"江西填湖广，湖广填四川"的大移民活动有关，也跟当时湖广地区(湖南、湖北）的治水历史密切相关。"湖广"为"湖泽广大之地"，古代曾有"云梦泽"存在，湖南、湖北是在晚近的历史时段才慢慢分开。我们现今可以从古地图上看出古人的地理逻辑：所有流入洞庭湖或"云梦泽"的水所覆盖的地方就叫湖广省，所有流入鄱阳湖的水所覆盖的地方就叫江西省，所有流入四川盆地的水所覆盖的地方就叫四川省。湖广盆地的水可以通过许多源头、数千条河流进来，却只有一条河可以流出去，这条河就是长江。由于水利技术的发展，现在的长江全线都有高高的堤坝，形成固定的河道，而在没有建成堤坝的古代，一旦下起大雨来，我们不难想象湖广盆地成为泽国的样子。唐代诗人孟浩然写过一首诗《望洞庭湖赠张丞相》，对此做了非常形象的描绘："八月湖水平，涵虚混太清"——八月下起大雨的时候，所有的水都汇集到湖广盆地，形成了一片大的水泽，连河道都看不清了，陆地和河流混杂在一起，天地不分；"气蒸云梦泽，波撼岳阳城"——此时云梦泽的水汽蒸腾，凶猛的波涛似乎能撼动岳阳城，这也说明云梦泽和洞庭湖已连在了一起；"欲济无舟楫，端居耻圣明"——因为看不清河道，船只也没有了，做不了事情只能等待，内心感到一些惭愧；"坐观垂钓者，徒有羡鱼情"——坐观垂钓的人，羡慕他们能够钓到鱼。这首唐诗说明，到唐代时江汉平原、湖广盆地的云梦泽和洞庭湖仍能连成一片，这就阻碍了这一地区大规模的人口流动，会馆也就不会出现。而到了明清，治水能力有了大幅提升，水利设施建设不断完备，江、汉等河流体系得到比较有效的管理，使得湖广盆地不会再出现唐代那样的泽国情形，大量耕地被开垦出来，移民被吸引而来，城市群也发展起来，其中最具代表性的就是"因水而兴"的汉口。明朝时汉口还只是一个小镇，因为在当时汉口并不是汉水进入长江的唯一入江口。而到了清中晚期，大量历史地图显示，在汉水和长江上已经修建了许多堤坝和闸口，它们使得一些小河中的水不能自由进入汉水和长江里。当涨水时，水闸要放下来，让长江、汉水形成悬河。久而久之，这些闸口就把这些小河进入长江和汉水的河道堵住了，航路也被切断，汉口成了我们今天能看到的汉水唯一的入江口，从而成为中部水运交通最发达的城市。由于深得水利之惠，湖广移民在外地建造的会馆就祭拜治水有功的大禹，会馆的名字就叫"禹王宫"，在重庆的湖广会馆禹王宫现在还是移民博物馆。同样，"湖广填四川"后的四川会馆也祭拜治水有功的李冰父子。

福建会馆为什么叫"天后宫"？福建会馆是所有会馆中在海外留存最多的，国外有华人聚集的地方一般就有天后宫，尤其在东南亚国家更是多不胜数。祭拜天后主要是因为福建是一个海洋性的省，省内所有河流都发源于省内的山脉，并从自己的地界流到大海里面。要知道天后也就是妈祖，是传说中掌管海上航运的女神。天后原名林默娘，被一次又一次册封，最后成了天妃、天后。天后出生于莆田的湄洲岛，全世界的华人特别是东南亚华人，在每年天后的祭日时就会到湄洲岛祭拜。在莆田甚至还有一个林默娘的父母殿。福建会馆的格局除了传统的山门戏台，还在后面设有专门的寝殿、梳妆楼，甚至父母殿，显示出女神祭拜独有的特征。另外在建筑立面上可以看到花花绿绿的剪瓷和飞檐翘角，无不体现出女神建筑的感觉。包括四爪盘龙柱也可以用在女神祭拜上，而祭男神则是不可能做盘龙柱的。最特别的是湖南芷江天后宫，芷江现在的知名度不高，但以前却是汉人进入西部土家族、苗族聚居区一个很重要的地方。芷江天后宫的石雕十分精美，在山门两侧有武汉三镇和洛阳桥的石雕图案。现在的当地居民都已不知道这里为何会出现这样的石雕图案。武汉三镇石雕图案真实反映了汉口、黄鹤楼、南岸嘴等武汉风物，能跟清代武汉三镇的地图对应起来。洛阳桥位于泉州，泉州又是海上丝绸之路的出发点。当时福建的商人正是从泉州洛阳桥出发，然后从长江口进入洞庭湖，再由洞庭湖的水系进入湖南湘西。这就可以解释为什么芷江的天后宫有武汉三镇和洛阳桥的石雕图案，它们从侧面反映出芷江以前是商业兴旺、各地人口汇聚的区域中心。根据以上可以看出，福建天后宫分布最广的地段一个是海岸线沿线地区，另一个是长江及其支流沿线地区。

总的来说，从不同省的会馆特点以及祭拜的神祇就可以看出该地区的历史文化、山川河流以及古代交通状况。

中国最华丽的会馆类型是山陕会馆。中国历史上有"十大商帮"的说法，其中哪个商帮的经济实力最强见仁见智，但就现存会馆建筑来看，由山陕商帮建造的山陕会馆无疑最为华丽，反映出山陕商帮的经济实力超群。为什么山陕商帮有如此超群的经济实力？山陕商帮的会馆有个共同的名字：关帝庙，即祭拜关羽的地方。很多人说是因为关羽讲义气，山陕商人做生意也注重讲义气，所以才选择祭拜他。但讲义气的神灵也很多，山陕商人单单选关羽来祭拜还有更深层的含义。山陕商人是因为开中制才真正发家的。开中制是明清政府实行的以盐为中介，招募商人输纳军粮、马匹等物资的制度。其中盐是最重要的因素，以盐中茶、以盐中铁、以盐中布、以盐中马，所有东西都是以盐来置换。盐是一种很独特的商品，人离不开盐，如果长期不吃盐的话人就会有生命危险。但盐的产地是很有限的，大多是海边，除了边疆，内地特别是中原地区只有山西运城解州的盐湖，这里生产的食盐主要供应山西、陕西、河南居民食用，也是北宋及以前历代皇家盐场所在。关羽的老家就在这个盐湖边上，其生平事迹和民间传说都与盐有关。所以，山陕商人祭拜关羽一是因为他讲义气，二是因为关羽象征着运城盐湖。山陕会馆的标配是大门口的两根大铁旗杆子，这与山西太原铁是当时最好的铁有关，唐诗"并刀如水"形容的就是太原铁做的刀，而山西潞泽商帮也是因运铁而出名的商帮。古代曾实行"盐铁专卖"，这两大利润最高的商品都跟山陕商帮有关，所以他们积累下巨额财富，而这些在山陕会馆的建筑上也都有体现。

　　会馆这种独特的建筑类型，不仅是中国古代优秀传统建造技艺的结晶，更是历史的见证。它记录了明清时期中国城市商业的繁荣、地域经济的兴衰、交通格局的变化以及文化交流的加强过程。我们不能仅从现代的视角去看待这些历史建筑，而应该置身于古代的地理环境和人文背景下，理解古人的行为和思想。对会馆的深入研究可能会给明清建筑风格衍化、传统技艺传承机制、古代乡村社会治理方式等的研究，提供新视角。

2024年6月写于赵逵工作室

前言

禹文化从蜀地诞生，在古代中国各地扩散开来，对禹的祭祀促成了禹王宫（庙）的诞生并使其延续了下来。湖广会馆，是指明清时期由湖广人士建立的会馆类建筑。大部分湖广会馆都祭祀大禹，因此也别称禹王宫，形成了独特的"蜀产而楚祀"的现象。随着明清时期湖广移民的大迁移，禹文化又被带回蜀地，以精美的湖广会馆的形式，再次登上舞台。禹王宫、湖广会馆的传承与演变也反映了移民信仰的演化过程，见证了移民社会的变迁。如何将湖广会馆、禹王宫以及移民活动之间的关联相对客观、完整、生动地介绍给读者，是笔者思考关注的焦点。

本书的特色主要体现在以下三个方面。

第一，明确湖广会馆与禹王宫之间的联系和区别，湖广会馆继承了禹王宫的一部分文化内涵，又发展出新的功能。湖广会馆与禹王宫是两个相互关联而不易剥开的主体，会产生许多容易混淆的概念。共同的大禹信仰使得湖广移民聚集在一起，诞生出湖广会馆的雏形，而湖广移民在他乡的共同诉求，又使得湖广会馆发展出"强众势、聚乡情、济危困"这三大社会功能。

第二，客观地将发源于古蜀地的大禹信仰与移民活动联系在一起，关注移民活动线路对湖广会馆、禹王宫在国内的分布造成的影响。通过梳理中国古代史上历次较大规模的移民潮，不难发现古代中国的移民活动大体呈现出由北到南、自东向西的时空特征，具体还表现在沿着大江大河、交通要道波浪式前进上。而通过列举和分析全国有记载的湖广会馆、禹王宫，所得到的结论也与此相合。

第三，注重会馆的实例研究与形制分析，注重与其他同乡会馆、相关坛庙的比较。笔者选取了实地调研中发现的具有代表性的13个现存会馆案例，开展个案探讨，并借助这些材料，从移民文化的视野对禹王宫、湖广会馆的传承演变关系进行分析。另外，本书还将其他地区因移民活动而产生的会馆，例如山陕会馆、江西会馆，与湖广会馆做了对比研究，也将其他地区和禹王宫功能类似的水神庙，与禹王宫做了对比和介绍。

本书希望通过对湖广移民活动的研究打通禹王宫、湖广会馆的发展演变史，揭示湖广会馆受移民活动影响而呈现出的文化交融特征，展现湖广会馆的丰富内涵和多学科研究价值，期望提升社会公众对湖广会馆的认知，为这份历史遗产的整体保护尽一份绵薄之力。

第一章

湖广会馆的产生与分类

第一节　湖广会馆的文化背景

　　湖广会馆，是指明清时期由湖广人士建立的会馆类建筑。大部分湖广会馆祭祀大禹，因此也别称禹王宫。不过禹王宫本身是一种更古老的存在，可以追溯到秦汉时期的禹文化。

　　禹文化源于夏启对其父亲大禹的祭祀活动。根据"夏商周断代工程"的结论，夏朝开始于公元前2070年，也就是说禹文化距今已有四千多年的历史。"国之大事，在祀与戎"，古代的祭祀活动关系到统治的合理性，因而备受重视，祭祀场所由野外的山川祭拜演化成室内的坛庙祭祀。禹祭的场所——禹王庙"兴起于秦汉，盛行于唐宋，遍立于明清"[①]，距今也有两千多年的历史。禹文化的传播范围广泛，其兴于蜀地，盛于湖广，东渐日韩。湖广会馆主要由湖广移民在其向外迁徙过程中所建，分布地主要在现今的四川、陕西、贵州、云南、湖南、湖北、河南、安徽、江西、江苏等省份。由此可见，湖广会馆同禹文化以及移民文化有着密不可分的关系，本节即主要从禹文化、移民文化等方面探究湖广会馆的文化背景，同时也为后文研究湖广会馆的分布打下基础。

一、禹文化

（一）禹王传说

　　关于禹王的传说既有"史实素地"的成分，又有后世不断迭加的神话因素、传说色彩等附加成分作为文本叙事。笔者试图通过对文化文本的叙事与研究来探讨禹王传说的演变与发展过程。

1. 兴于蜀

　　大禹出生地一般被认为是四川的石纽，主要记载来自西汉时期的文

---

　　① 龙显昭. 夏禹文化与四川的禹庙[J]. 四川文物，1999（1）：28-34.

献，最早是陆贾在《新语》中说禹出生于西羌，随后《史记·六国年表》也记载"禹兴于西羌"，后来的文献大多以此为准绳。例如：扬雄《蜀王本纪》记载"禹本汶山郡广柔县人，生于石纽，其地名痢儿畔"，《盐铁论·国病》记载"禹出西羌"以及《水经注·沫水》的广柔县条记载"县有石纽乡，禹所生也"。在这些记载中，禹的出生地都指向了石纽，大致相当于现今的汶川地界。

如同大禹本人充满争议一样，学界关于大禹的出生地也争论至今，主要有四处，分别是四川广柔（即石纽，今汶川）、安徽寿春—当涂、浙江会稽以及陕西秦川（今渭水平原一带）。然而仔细翻看早期史料，其中只出现过禹生石纽的记载，同时也有考古遗迹与之相对应。经过综合考量，学界普遍接受了这一说法。其他三种说法虽然没有翔实史料证明，但也说明禹文化曾经对当地有过重大影响，将这四处按照水系连线后，很容易让人联想到大禹由西向东的可能治水路径以及禹文化西兴东渐的可能性。

2. 大禹治水

在大禹治水之前，鲧先采用堵的办法，结果失败了，而禹总结其失败的经验教训后采用疏的方法，最终成功。失败者往往不会被人提起，因此后人一般称之为大禹治水，实际上两者是缺一不可的。

（1）治水的地质学背景。

世界上多个古文明中都广泛流传着大洪水的传说，其中以东方的大禹治水和西方的挪亚方舟最具影响力。根据《尚书》《国语》《墨子》《孟子》《史记·夏本纪》等大量先秦文献的记载，上古时期发生了洪水灾害，而大禹由于治水成功获得了各部落的拥戴，因此对大洪水的研究有助于理解夏禹文化的发展流变。

关于这场大洪水的来历有两种说法：其一是海水洪水，即洪水来自大规模海侵；其二是淡水洪水，即洪水因江河上游出现的巨大堰塞湖溃决而形成。

　　首先介绍海水洪水说。海侵又称海进，即在相对短的地史时期内，海平面上升，海岸线向西前进，导致大陆面积缩小。海侵达到峰值后发生海退，逆转海侵的过程。海侵的年代可以通过物理指标、微体古生物指标以及地球化学指标等各种环境指标来断定，例如距今最近一次和倒数第二次海侵被命名为卷转虫海侵和假轮虫海侵。假轮虫海侵发生于距今4万多年以前，海退则始于距今约2.5万年以前，使得中国东部海岸线向东后退约600千米，海平面降至−155米。卷转虫海侵发生在距今1.2万年前，海平面达到现水深−110米的位置。距今1.1万年的时候，海平面上升到−60米。距今8000年时，海坪面上升到−5米。而到距今7 000—6 000年时，这次海侵达到最高峰，峰值水位不能确定，有学者依据绍兴平水若耶溪一带的海相淤积泥层推测为12米。这次海侵在距今6 000—4 000年期间处于波动状态，不断发生小规模的进退，直到距今4 000年后才开始发生稳定的海退，海岸线向东后退逐渐到今天的水平（见图1-1）。

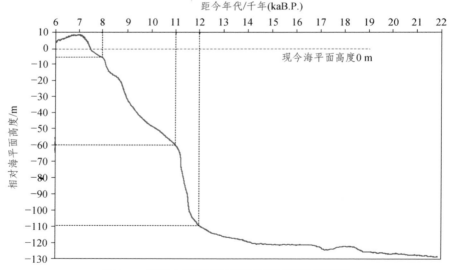

图 1-1　卷转虫海侵所对应的海平面变化示意图
（改绘自刘锐：《宁绍−杭嘉湖地区末次冰消期以来的
古气候环境演化与早期人类文明》插图 1-1）

海侵造成的地理环境的改变为我们勾勒出距今7 000—4 000年间吴越大地上可能的社会图景：7 000年前海水不再西进，一些原始氏族于是向东迁徙讨要"失地"，由于海岸线反复进退，这些族群饱受洪水之灾，而他们与洪水的斗争也一直持续着，直到距今4 000年洪水开始稳定地消退，这个时间点恰好也是大禹治水成功的时间。这些巧合导致了浙东平原禹文化的兴盛以及禹是海侵产生的神话之说的疑问。由此可见，海侵不但对浙东的自然环境产生了巨大影响，而且对这里史前人类文明发展的兴衰起着决定作用。浙东产生的舜、禹文化传说与卷转虫海侵有直接必然的关联。[①]值得一提的是，海侵甚至导致浙东沿海居民向东迁徙至日本，禹文化也随之东传日本，对日本文化的发展产生了一定的影响。

海水洪水说比较好地解释了全球为何在同时期内产生大洪水传说，不过海水洪水所影响的范围都在东部沿海，无法解释大禹在长江、黄河上游治水的活动，因此有了淡水洪水说。最新的成果来自吴庆龙等人于2016年5月在《科学》（Science）杂志上所发表的《公元前1920年的溃决洪水为中国大洪水传说和夏王朝的存在提供依据》一文[②]。文章认为大洪水来自黄河上游以积石峡为口的超大堰塞湖的溃决。作者通过调查沉积物的范围和年代确定了堰塞湖的大致区域和高度。通过计算，作者认为超级堰塞湖洪峰流量达到40万立方米每秒，为现今黄河积石峡平均流量的500倍有余，是地球全新世时期最大的淡水洪水之一（见图1-2、图1-3）。如此巨大的流量也导致了下游洪水长时间的持续。文章对积石峡突发大洪水的发现及分析，为中国古文献中大洪水传说的历史真实性提供了科学支持，也为证明夏朝的存在提供了潜在线索。

---

① 邱志荣 . 论海侵对浙东江河文明发展的影响[J] . 浙江水利水电学院学报，2016，28（1）：1-6.

② WU Qinglong, ZHAO Zhijun, LIU Li, etc. Outburst flood at 1920 BCE supports historicity of China's Great Flood and the Xia dynasty[J]. Science, 2016, 353(6299): 579-582.

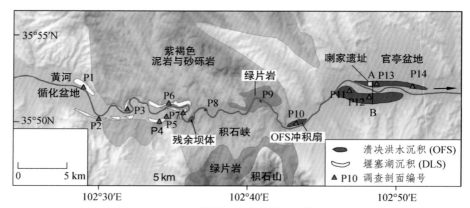

图 1-2　积石峡堰塞湖范围示意

（图片来源于吴庆龙等：《公元前 1920 年溃决洪水为中国大洪水
传说和夏王朝的存在提供依据》）

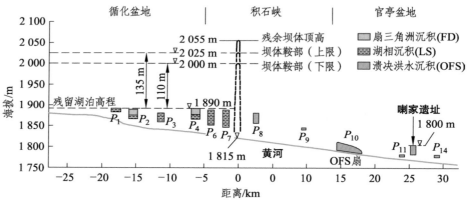

图 1-3　积石峡堰塞湖剖面高度示意

（图片来源于吴庆龙等：《公元前 1920 年溃决洪水为中国大洪水
传说和夏王朝的存在提供依据》）

　　无论是淡水洪水说还是海水洪水说，都存在着一种巧合现象，即通过地质学、历史学、考古学记录得到的 4 000 年前有关自然及社会政治的大量事件几乎同时发生，这说明那场大洪水可能确实存在，并且极大地影响了后来的历史。同时还存在着另一种可能，即"大禹之所以能够治水成功可能主要得益于四千年前以后的气候好转，而并非人力之所能为"[①]，不过这

---

　①　吴文祥，葛全胜. 夏朝前夕洪水发生的可能性及大禹治水真相[J]. 第四纪研究，
　　　2005（6）：79-87.

并不能抹杀大禹等人为了改变部族命运而与自然斗争的努力以及功绩。

（2）治水的记载。

大禹治水的事迹千百年来不断流传，甚至被排在影响中国历史进程的一百件大事榜榜首。以产生于周朝时期的《诗经》《尚书》的记载为源头，后世出现了大量记述大禹治水事迹的文献，洪水开始"汤汤洪水方割，荡荡怀山襄陵，浩浩滔天"（《尚书·尧典》），治水经过"信彼南山，维禹甸之"（《诗经·小雅·信南山》）、"丰水东注，维禹之绩"（《诗经·大雅·文王有声》）、"奕奕梁山，维禹甸之"（《诗经·大雅·韩奕》）、"洪水茫茫，禹敷下土方"（《诗经·商颂·长发》），治水终了"俞！地平天成，六府三事，允治"（《尚书·大禹谟》）。为了描述大禹治水的艰辛与伟大，甚至还产生过一些特定的词语，例如"栉风沐雨""胼手胝足"以及前文的"地平天成"等。除了这些零碎的记载，后来又有了《尚书·禹贡》记载大禹治理九州的详细过程。《禹贡》的成书背景有争议，主流的说法是该书经过商周时期的多次增补，最终完成于战国后期。[①]由于其独特的价值，《禹贡》从《尚书》中脱颖而出独立成篇，全篇文字精练，以千余字记述了先秦时期全国山川地理等方面的重要信息，作为中国地理志的开山之作深刻地影响了包括《水经注》在内的后世同类文献，同时也为研究大禹治水的经过提供了参考资料。

3．同源传说

在上古洪水肆虐期间，许多地方都产生过不同的治水英雄传说。例如吴越一带防风氏的传说，《国语·鲁语下》记载大禹在会稽山召集各地诸侯，防风氏晚到，被大禹当众处决以立威。这位可怜的防风氏就是吴越大地的部落首领，也是当地的一位治水英雄，因为去会稽赴会路上碰到了洪水不得不去处理而耽搁了行程，在被处死后不久又被大禹平反昭雪。古蜀国也有治水英雄的传说，由于三峡一带淤塞，当时的四川盆地处于近乎全

---

① 容天伟，汪前进.民国以来《禹贡》研究综述[J].广西民族大学学报（自然科学版），2010，16（1）：30-39，52．

封闭的状态。再加上岷江、涪江以及西部雪水的注入，巴蜀人民终年挣扎在水患中。当时的古蜀国国君杜宇虽然竭尽心力，带领百姓治水，依然不能平息灾难。之后来了一个叫鳖灵的人，由于他来自多水患的荆楚地区，拥有比较丰富的治水经验，因此被任命为相。他成功治理四川的水患后，杜宇也禅位于鳖灵，改国号为开明。

正如前文所述，中国的上古神话是在一代代人口耳相传中延续和变异的，同一件事可能会有不同的说法，不同的事迹也可能会被安插在同一个人头上。仔细看防风氏、杜宇鳖灵以及大禹传说的文本，可以发现很多巧合的细节。例如在海侵说中，吴越大地的海水倒灌使得在同一个时空里既出现了大禹治水又出现了防风氏治水；根据已出土的战国竹简，禹字写作"䰠"①，推测禹的古本读法应读为"土禹"，《说文》解释杜"从木，土声"，"土禹"和"杜宇"的读音十分接近；杜宇号"杜主"和"土主"，而禹也号"社神"（禹和后稷合称社稷），由此可见禹和杜宇有很多的共同点。另外鳖灵的治水方式是以疏浚为主，与大禹的相同，从杜宇到鳖灵的禅让与舜禅让于禹又很类似，禅让后的国号"开明"同"启"意思相近，这样看来禹和鳖灵也有一些共同点。

通过分析这些巧合信息，不难得出这样的结论，即或者大禹在华夏大地治水，而在每一地都留下了不同版本的传说，或者许多地方都有原始的治水英雄传说，最终被整合成唯一的大禹治水传说。无论哪一种可能性，都说明禹文化的播迁首先是伴随着治水的行为而流传至全国的。

4. 治水线路

研究大禹治水行为的特点，最直观的方式是展现大禹在全国的治水线路。综合上文关于大禹治水的记载、传说以及地质痕迹，可以得到大禹治水线路的大致分布范围和形成顺序："第一步是岷江，第二步是汉水，第三步

---

① 张伦敦. 试论禹与蜀地之渊源关系：边缘视野下"禹兴西羌"考辨[C]//长江流域区域文化的交融与发展：第二届巴蜀·湖湘文化论坛论文集. 成都：四川大学，2014.

是河济，第四步是江淮。"①这些区域也正是大禹文化主要传播的地方。

传说中禹疏导了长江和黄河流域流通不畅的水道，在西、北、东、南开山凿渠使壅塞的洪水流向大海。如此广阔的范围和浩大的工程量，在上古时代是不可能由某一个人或者某一个部族完成的，而应当是华夏大地上不同地区的人们共同完成的。正是在不同区域文化的碰撞中，大禹的形象脱颖而出，随着官方与民间的不断强化，形成了统一的大禹崇拜，并在全国传播开来。

大禹治水传说的相关叙事由区域性的传说不断向全国性的传说扩展，后又逐渐与各地文化结合，发展为各地不同的地方传说。早期传说中大禹治水的地域主要集中于西北地区，春秋战国后扩展至全国，秦汉时期发展为禹平定天下山川河流的说法。大禹治水的线路与禹王崇拜的传播路径和后来的移民线路暗合，笔者将在本书第三章详细说明。

（二）禹王崇拜

1. 禹王崇拜的发展演化

对大禹的崇拜是从先秦的百家文献记载中露出苗头的，而真正兴起则是从汉朝开始的。秦汉时期，国家结束了长期的诸侯割据，实现了比较长久的统一，统治者需要借助统一信仰来维护统治秩序。公元前210年，秦始皇"上会稽，祭大禹，望于南海"②，形成了祭禹祀典的最高礼仪。到了汉朝，由于独尊儒术的推行，儒家学者所尊崇的大禹进一步被神化，刘邦就曾在涂山修禹王庙。

魏晋南北朝时期，随着大一统政权的衰落，禹王崇拜的相关叙事出现了官方叙述与民间叙述相结合的倾向。民间叙述的兴起使得大禹治水的传说与当时的地理文化重新结合，进一步推动了大禹治水传说的地域化和历史化进程。

---

① 谭继和.禹文化西兴东渐简论[J].四川文物，1998（6）：8-13.

② 夏松凉，李敏.《史记》今注[M].南京：南京大学出版社，2010.

到了隋唐时期，由于以山水为题材的诗文的兴盛，大禹治水的诸情节开始与不同地区的山水文化有机地结合在一起。在唐朝的统一期间，对于大禹的祭祀和歌颂更加受到统治者的重视。"陆贽曾奉皇帝之命祭祀大禹庙，对大禹表达了极高的敬意，并且希望大禹能够降福于民，抑制水旱灾害。这显示出大禹传说在地域化的基础上又逐渐成为一种信仰。这种对于大禹的神化更促进了普通百姓对于大禹的尊奉。发展到后来，以至有水旱处人们就会修建大禹庙以赈灾。"①表明这一时期的大禹祭祀增加了祈求福佑的内容，为大禹信仰的平民化、世俗化铺平了道路。及至宋朝，由于理学的兴起和崇经思想的流行，大禹传说更加深入人心，民间大禹祭祀盛行，大禹已经逐渐由一位官方树立的封建帝王典范转变为带有民间信仰性质的神明。

到了明清时期，官方与民间祭祀大禹相结合尤其盛行，许多地方政府开始自觉地主持对大禹的祈请和祭祀。地方官主持修建禹王庙并亲自撰文以官方的名义为地方百姓向大禹祈雨祈福的现象逐渐形成传统，成为禹祭的一部分，进一步强化了大禹治水传说与地方文化的结合，代表了官方话语、学者话语与民间话语的融合。

2. 禹王崇拜的官方强化过程

如上文所述，大禹崇拜按照祭祀主体的不同分为官祭和民祭。由于官祭的形制更高级，且记录更准确，再加上封建社会上行下效的特点，官方态度对禹王崇拜的影响占主导地位。

根据《隋唐嘉话》记载，唐垂拱四年（688年），宰相狄仁杰针对当时吴、楚多"淫祀"的弊俗，奏请焚毁祠庙1 700余所，唯留夏禹、吴太伯、季札、伍员四祠，减轻了当地人民的负担。狄仁杰将吴地700余种民间信仰中的俗神尽皆除去，仅余下官方承认的4位有德之人，而大禹位列4人之首，可见以狄仁杰为代表的封建士大夫对于大禹的敬仰之情。

---

① 孙国江. 大禹治水传说的历史地域化演变[J]. 天中学刊，2012，27（4）：23-26.

宋建隆元年（960年），宋太祖颁诏保护禹陵，并将祭禹正式列为国家常典。官方对禹王重视崇拜的顶峰出现在明清时期。明清时在京城设立历代帝王庙，崇祀历代帝王和功臣。最初，明朝开国皇帝朱元璋确定祭祀的帝王是18位，至清朝乾隆帝将祭祀的帝王确定为188位，但他们所祭祀的第一位帝王都是大禹。祭祀历代帝王每年分春秋两祭，明嘉靖帝及清康熙帝、雍正帝、乾隆帝都曾亲自致祭。民国时期改为特祭，于每年9月19日举行。

（三）禹王宫

经过历代官方的主导以及民间的补充，禹王演变为全国普遍祭祀的大神，禹王崇拜也在全国各地广泛存在，其直接体现就是全国各地的"禹王宫"。禹王宫是进行禹王祭祀的主要场所，综合而言，大致可以分为三大类型：

第一种类型，是夏禹肇迹处的纪念性禹王宫。夏禹肇迹处是指和大禹生平直接相关的遗迹所在地，通常也称为"禹迹"，例如大禹出生地石纽的禹石、禹穴、禹母池、洗儿池、禹床以及大禹死后埋葬处绍兴的大禹陵，等等。禹迹处不一定建有禹王庙，但建了禹王宫的地方一般是正式官祭所在处，集中在北京、浙江绍兴、河南登封、四川汶川等地，由于这一类禹王宫是由历代帝王直接祭拜的，所以通常称为大禹庙。

这一类型的大禹庙内，一般均建有禹王殿，其飞檐镏金，画栋雕梁，供奉有大禹像，并配享后稷、伯益、八元、八恺等先贤像，殿侧有东西厢房，种植有古松、柏，摆设有石狮子、石飍屃等。后来往往还增列有大禹治水文献、纪念大禹遗迹的碑碣，以及歌颂大禹伟大功绩的匾额、楹联等。如：四川汶川石纽山的大禹庙，以大禹出生地而闻名遐迩；绍兴会稽山大禹庙，因大禹葬于此处而建；等等。

第二种类型，是崇德报功、具有德教功能的禹王宫。这一类型的禹王宫是指在拥有大禹治水传说的区域，由官方主导修建的大禹庙。我国自古就有礼乐文明的传统，国家和社会各方面都比较重视德育教育，常常选择一些对国家、社会做出过重大贡献的人物作为崇敬对象，立庙供人祭祀瞻仰，这对于培育社会公德、增强民族凝聚力均有积极意义。历代统治者大力提倡，认为这样做可获收拢人心之效。故其主要功能偏重祭祀大禹、祈雨求福以保一乡风调雨顺，如河南省禹州市禹王宫；有的还处于重要的分水口，如安徽蚌埠市荆涂两山处的涂山禹王宫，以及武汉市龟蛇两山处的禹稷行宫，等等。

这一类型的禹王宫内往往也供奉有大禹像，植有古松、柏，陈列有大禹治水文献，以及纪念大禹遗迹的碑碣等。由于偏重宗教功能，其形制与庙类似，通常也被称为禹王庙。

第三种类型，是指明清时期由湖广移民所建造的"会馆式"建筑。这一类型的禹王宫实际上是湖广移民在外乡设立的"会馆"，一般称为"湖广会馆"。对于这一类型的禹王宫来说，祭祀禹王不再是其主要功能，因此和前两型"禹王宫"相比有所区别，这也是后文要说明的重点之一。

二、移民文化

（一）湖广移民的大禹情结

如禹王传说一节所述，上古时期的大洪水无论来自海水还是淡水，都在地理上留下了依稀可见的痕迹，在湖广地区表现为复杂而广阔的水系。图1-4来自乾隆初年（1736年）的《两淮盐场及四省行盐图》，从图中可以看出，即使是在清朝初年，湖广地区的水系都远比今天要广阔且复杂得多，由此可以推断出在更早的年代，湖广地区几乎是被汪洋连成一片，称之为"泽国"都不为过。这样复杂的水网环境导致汛情频繁发生，湖广地区的居民饱受水患之苦，对治水工程的需要以及对治水神的信仰需求十分迫切，大禹曾经在这一地区治水并且成功，因此对禹王的崇拜刚好满足了这种需求。

战国时期，大禹在湖广地区治理长江的记载渐多，同时湖广民众开始修建禹庙，以祭祀大禹。尤其是湖南衡山上记载大禹治水事迹的"岣嵝碑"成为大禹治理长江的重要见证。元大德八年（1304年）十月，湖广行省向中书省报告，"昔禹治水有功，立庙于大江滨，久废重建，乞赐庙碑，以崇明祀"，说明了大禹在该区域深厚的民众基础。

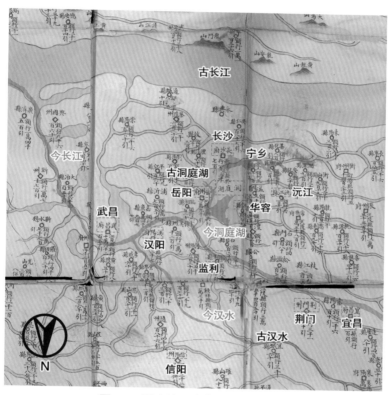

图1-4 湖广地区古今水系对比示意
（改绘自《两淮盐场及四省行盐图》）

根据之前的分析，大禹在湖广地区的治水是沿着汉水展开的，这一点在今天的武汉市江夏区可以得到印证。江夏原名夏口，为三国时期孙权所筑，两个名字中的"夏"字指的正是大禹的夏后氏，"江夏"指的就是繁衍生息在江汉之间的"夏族群"。实际上，由于夏族人在汉水的活动，古汉水自沔阳（今湖北省仙桃市）以南段也被称为"夏水"，孙权所筑城正好对着"夏水"通往长江的出水口，所以就被称为夏口。在今天江夏的金口古镇，还有一座禹观山，相传就是大禹当时登高瞭望、规划治理方案的地方。大禹在金口兴修的水利设施，正是今天的金水闸，它连通长江，使得洪水下泄，岗岭现出，湖泊牵手，港汊成形，形成了江夏的雏形。金水闸内流动的是金水河，当时叫涂川，所以金口当年也叫涂口，而这里的"涂"字所对应的正是禹文化中的涂山元素。另外，前文中提到过的鳌灵，被认为是大禹形象的一种变异，其出生并成长于湖广地区，也能说明禹文化在湖广地区的影响。

由此可知，禹文化很早就在湖广地区扎根，经过信仰演化过程，大禹信仰逐渐渗透到湖广民众心中，成了地区的集体记忆，并伴随着移民活动传播开来。

（二）湖广移民的信仰演化

古代移民客居异乡，周围的一切都是陌生的，必须要经过长时间的同化，才能真正融入当地居民。移民信仰支撑着这种融合，在此过程中移民信仰也同时发生着演化。

由于古代车马不便，移民到外地寻求更好的生活时普遍会以家族为单位向外迁徙，落脚后自然也会抱团聚在一起。有了血缘关系和原乡的家神崇拜作为凝聚力，面对外界因素的影响，例如面对当地居民的欺负，移民能够更好地团结起来保护自己的利益。

由于移民在一起固守自己原乡的习惯，会在移民初期形成自己的小团体，他们与其他群体生活在同一片天地里，尽管空间上的距离不远，但在心理上却存在隔阂，也就是所谓的移民信仰原籍化与多元化的现象。

这种隔阂在短期内似乎坚不可摧，然而随着时间的推移，原乡的情愫会逐渐淡化消解，乡情会变得有点"不是滋味"，所以移民终会逐渐融入本地社会，其信仰也会跟着发生变化，对于当地居民的信仰不再是一味抵触，而是会主动地接近，也就是所谓的移民信仰泛化的现象。

新的移民社会是由本地人和从不同地方来的移民组成的，其所包含的文化元素却远远超过本地人社会和原移民社会。因为随着移民行为的产生，本地人又可以分成"纯粹"的本地人和新近同化的本地人，再随着时间的推移，这种分类还会演化得更多，至于移民的种类就更是不可胜数了。所以这个新的移民社会是一个真正的"五方之民五方杂处"的环境。

第二节　湖广会馆的兴起与发展

一、湖广会馆的兴起缘由

第一批移民团体抵达的早期，正属于上一节所分析的信仰原籍化的阶段，他们会依据血缘的关系自然地抱团。在后至的同一地区移民里，有的只是独家独户地行动，因此免不了面临无亲无助、无人帮衬的困境，此时，同乡之情就代替了亲情，为身处异乡的困难移民提供足够的慰藉。随着移民数量的增多，移民团体体量增大，与当地人之间的矛盾也跟着产生和激化，无论是依托亲戚（血缘关系）还是依托乡情（地缘关系）都不足以应付这种情形，亟须一个更大的"公约数"来维持整个移民团体的稳定，共同的移民信仰便在此时充当了这个角色。

对于湖广移民，根据前文的论证，使他们联合起来的正是大禹信仰。然而信仰终究是精神层面的东西，联合起来的人需要客观存在的组织，至少得有个公共的场所来共商大事，否则无异于乌合之众。人们思考问题时总是要不自觉地参考以前的经验和知识，"禹王庙"就成了最接近的参照物，因为它既是大禹信仰最好的承载者，又能体现湖广移民的特色以示区分。禹王庙的主要功能是祭祀大禹，湖广移民还有"强众势""聚乡情""济危困"等重要诉求，因此以禹王庙为基础的湖广会馆应运而生。

湖广会馆有很多种类型，但每种类型最初的产生都是和湖广移民分不开的，因为没有移民流动，就不会产生上文中对联合的需求，也就不会产生会馆了，因此大禹信仰对湖广移民的感召是各类湖广会馆产生的基础原因。

二、湖广会馆的社会功能

大禹信仰根植在湖广人的心中，即使移民到外乡也没有减弱，移居外乡的湖广人正是以大禹信仰为核心，因同乡联谊而联合在一起。共同的大禹信仰使他们保留了强烈的本土意识，如同一条暗线影响着湖广移民在外乡的集体行为，也形成了湖广会馆的三大社会功能：

一是强众势。清初湖广移民插占各县田土时，往往会侵占外逃当地人的有主田产，引发原主返乡后的争讼。于是湖广人"私立会馆，凡一家有事，率楚中群凶，横行无忌，此告彼诬，挟制官府"，以此为自己壮大声势、争取利益。在其立足之后，这种强硬的对外功能就逐渐弱化，但是大禹信仰团结本籍人士、增加凝聚力的功能却一直在强化。

二是聚乡情。出于对大禹的崇敬，客居异乡的湖广移民会在大禹诞辰举行盛大的祭祀仪式，并且通过表演家乡戏，联络乡情，排解乡愁，凝聚人心。湖广移民每年在中元节举行盂兰庙会，成都地区的湖广移民，则将中元祭祖提前到七月十二日，言其祖宗回老家需要时日，故提前祭祀。

三是济危困。湖广会馆经常会举办各种慈善活动，为困难中的同乡提供帮助，也可以让在同一异地的同乡人士加强联系和信息交流、增进友情。

三、湖广会馆的发展流变

移民的身份不断发生着复杂的变化，应当从动态的角度来看待移民活动与会馆之间的联系。在移民活动的影响下，会馆也在不断发展，其功能和职能在不断变化以适应需求。

（一）禹王宫与湖广会馆的交融

前文分析过禹王宫产生的原因，即湖广地区广泛的大禹信仰导致了禹王宫的产生，而最初将大禹信仰带入湖广大地的正是因为水灾或战争而迁入的流民，在湖广饱受水厄的背景下，流民带来的大禹信仰迅速与当地文化融合并扩散，于是产生了遍布湖广的禹王宫（崇德报功类禹王宫）。

（二）湖广会馆中移民会馆与商帮会馆的交融

明清是中国封建社会最稳定的一段时期，在大禹信仰和禹王宫已经广泛存在于湖广大地的背景下，湖广地区的生活移民开始产生，他们的迁移使得省外出现了早期的湖广移民会馆。移民迁入地人口增加，农业和手工业繁茂，社会经济水平有了明显的提升，又吸引了大量商人来此行商。一方面，湖广的商业移民迁入此地形成商帮会馆；另一方面，原来的那一批生活移民也会产生经商的活动，使得移民会馆向商帮会馆转型，而生活移民中的各行匠人也会产生对行会的需求，从而使得移民会馆扩充或分化出行帮属性。这些功能的扩充也使得移民会馆供奉的神灵经历了从单一乡神到诸神的演变过程。湖广会馆的设置最初将禹王作为最基本的崇祀对象，随着会馆的发展，出现了会馆中祭祀多神的现象，如湖广会馆中多设"财神""文昌"，以求福禄，这是和会馆的整体运营与发展机制相关联的。

（三）湖广会馆中商帮会馆与仕子会馆的交融

京城的商帮会馆和仕子会馆也存在交融现象。虽然仕子会馆和商帮会馆都是以地域为纽带联络同乡同籍的公益机构，都有着"联乡谊，敬神祇"的功能，但两者存在着明显的人为划定的界限，例如有的会馆规定：该馆专为来京应试举子而设，"其贸易客商，自有行寓，不得于会馆居住以及停顿货物"。在封建士人的观念中，商人与医者、占卜师同属于一类人，其地位是低贱的。

但是，与仕子会馆不同的是，在工商会馆中却给予了同乡官绅很高的地位，这与商人向往儒化、追慕功名的社会主流趋势有着直接的关系。同时商人为了获得财富的增值，也想要依附政治势力，甚至使自己成为官僚阶层的一员。随着清朝中后期的经济大发展，社会观念发生巨大变化，商人阶层早已不是四民之末，经商现象也出现于仕子会馆中，产生了所谓的"红顶商人"，甚至有的仕子会馆不仅由商人出资修建，而且由商人经理。到了清朝晚期，有些会馆因为依靠官员出资维持经营的方式难以为继，不得不涉足商业活动。

第三节　湖广会馆的分类

湖广会馆的分类有两种方法，一种是按政区分类，一种是按主要功能分类。

一、按政区分类

明朝以来的湖广地区大致相当于今天的湖北、湖南，面积十分广阔，因此治下各州县的民间文化丰富而多样，许多地区都有自己本地的"乡神"。在会馆兴起的明清时期，湖广移民作为整体以大禹信仰为名向外省输出湖广会馆，各州县同样以本地的"乡神"为名向外地输出本地会馆。对于移民来说，会馆是他们联络乡情、共祀乡土神灵和乡贤、从事娱乐活动的重要场所。由于移民家乡历史文化的不同，各自信仰的神灵和乡贤也有所不同，所谓"各从其籍而礼之""崇祀桑梓大神""各祀其乡之神望"。崇拜神灵是会馆非常重要的功能，因此按政区对湖广会馆进行分类的实质就是以湖广各地祭祀主神的不同来分类。

湖广地区普遍信奉的大禹充当了整个湖广地区的"乡神"。湖广省籍会馆是字面意义上的湖广会馆，包括北京湖广会馆、重庆湖广会馆、会泽湖广会馆等等。而继续向下划分就是州县籍会馆，考虑到湖北、湖南的区别，下文分开介绍。

（一）湖北

湖北地区的乡神主要有黄州地区（今天的黄冈、麻城一带）的"帝主"、武昌府的"屈原"等。

帝主，亦称福主或张七相公。相传在麻城县治东，宋时县人张七毁沿江诸庙（淫祠）系狱，适有火灾，释行七捍之，立止。至城西北五脑山，人马俱化，邑人为之建庙。帝主在宋朝被封紫微侯，在明朝被封助国顺天王，清朝嘉庆时期加封灵感二字。帝主祭祀之风最先在今湖北麻城兴起，随后流入鄂东地区。因祭祀帝主而修建的会馆被称作"帝主宫""黄州庙""黄州会馆"等。

屈原是战国时期楚国的"三闾大夫"，楚国的核心疆域在今湖北一带，因此屈原在湖北境内的影响很深远，成了不少区县的乡神。例如：武昌府商人在樊城修建的武昌会馆祭祀屈原，又称"三闾书院"；十堰市黄龙镇上有"鄂郡会馆"一座，也是武昌人所建，因此又称为武昌会馆；陕西漫川关也有武昌会馆一座，其内供奉屈原。

综上可知，在湖北地区的州县籍会馆包括黄州会馆（帝主宫）、武昌会馆（三闾庙）等。

（二）湖南

湖南地区存在的乡神主要有长沙地区的"南岳大帝"、宝庆地区的"玄坛元帅赵公明"以及怀化地区的"伏波将军马援"等。

南岳大帝，又称南岳圣帝，全称南岳衡山司天昭圣大帝，是依托衡山而产生的神祇。由长沙商人所建立的长沙会馆祭祀的便是南岳神，故也称为南岳宫。南岳宫内还祭祀黑神雷万春将军。湘西州龙山县现存一座清嘉庆五年（1800年）所建南岳宫，永州市也存有由衡阳商人在清道光年间所建南岳宫。

玄坛元帅赵公明原是道教中的瘟神，在宋代被民间奉为武财神。宝庆府下属邵阳、新化、武冈、新宁、城步五郡合建的宝郡五属同乡会馆祭祀赵公明，也称为五福宫或宝庆会馆。沅陵、绥宁、益阳等地都建有五福宫。

马援是东汉初年开国大臣，官至伏波将军。辰州、沅陵地区商人所建立的辰沅会馆祭祀马援，也称伏波宫。

综上可知，湖南地区的州县籍会馆包括长沙会馆（南岳宫）、长郡会馆、衡州会馆（寿福宫）、永州会馆（濂溪宫）、湘乡会馆（龙城宫）、宝庆会馆（五福宫、太平宫）、辰沅会馆（伏波宫）等。

通过上面的梳理不难发现，虽然只是一水之隔，湖南地区的神灵比湖北要复杂得多，可能是受到周边省份的文化渗透比较多。另外，考虑到湖广行省在清朝初年（康熙年间）已正式分省而治，并且分省前的主要治所也设在武昌府，因此后文关于湖广会馆的研究将侧重于湖北地区向外输出的会馆，也使本书的研究逻辑更为清晰。

二、按主要功能分类

吕作燮先生将明清会馆分为三类，即北京地区服务于士绅的会馆、服务于工商业的会馆以及四川一带的移民会馆。何炳棣先生则将会馆分成试馆、工商会馆和移民会馆。可见，按照主要功能将会馆分成移民会馆、仕子会馆、商帮会馆是学界比较通行的做法。笔者认为这种分类可以进一步研究，移民会馆、仕子会馆与商帮会馆三者并非完全独立，而是可以基于移民这条线索串在一起的。

（一）移民会馆

移民会馆的主要功能是以祭祀神灵为名义，通过互相帮助、演戏聚会等公共活动促进移民之间的交流，使移民联合得更紧密。

湖广会馆中的移民会馆主要集中在四川一带，这主要是明清时期湖广向四川大规模移民导致的。明清之际各省移民纷纷迁川，及至清中后期，四川汇集了湖北、湖南、广东、广西、福建、江西、山西、陕西共八省的移民，已然成为"移民的大本营"。各省移民将原籍地的神灵带入四川，建立会馆祭祀。例如：山陕会馆祭祀的关公出自山西运城，福建天后宫祭祀的妈祖出自福建莆田，江西万寿宫祭祀的许真君出自江西南昌，等等。而湖广会馆祭祀的大禹产生于四川，形成了"蜀产而楚祀"的现象。

（二）仕子会馆

仕子会馆的主要功能是为赶考的举子以及同乡的仕宦提供寄寓交流的场所。古代的科举考试分为乡试、会试和殿试，除了乡试就在本省考以外，后面两场都得远赴京城。由于路途遥远、车马不便，如果没有中榜，一些举子就会选择留在京城继续复习，这就产生了从地方往京城的特殊移民。这批移民长期留居京城，难以承担住宿所需费用。"于是朝官各辟一馆，而止居其乡人"，同乡的移民通过这种方式聚集在一起，"落第举人心"与"他乡遇故知"撞在了一起，可谓悲喜交加，移民信仰在此时被引入成为一种精神支撑，将移民联系在一起，于是形成了以移民会馆为基础的试馆。一方面是举子们渴望"金榜题名"；另一方面同乡在朝为官者也盼望"奇货可居"，在复杂的官场斗争中，由地域纽带结成的人际网络十分重要，因此为仕宦与同乡举子提供交谊成为试馆的另一种重要功能。另外，朝廷一般不为新任朝官提供住宿，他们会选择在同乡试馆寄寓，因此提供同乡仕宦间的交流也是一种功能。在以上因素的推动下，以移民会馆为基础的试馆逐渐转变成为仕子会馆。

湖广会馆中的仕子会馆集中在北京，因为北京在明清时期作为京城，共持续了近五百年。正是稳定的社会条件和明清时期的经济发展使得上述过程能够有条不紊地发展。来自湖北江陵的明朝首辅张居正于万历十年（1582年）捐出私宅修建全楚会馆（今北京湖广会馆），以方便家乡子弟科考，后在京建设仕子会馆成为风潮。清康熙二年（1663年），麻城孝感人熊赐履升任国子监司业，提议在京修建孝感会馆，此后各省府县均有修建会馆之举。到光绪三十一年（1905年），北京的湖广仕子会馆已多达42所，例如麻城会馆、黄冈会馆、黄安会馆、黄陂会馆等。这些仕子会馆是以便利仕途为主要功能的，相比之下供奉神祇虽然也很重要但是被淡化了，因此它们所供奉的不一定是大禹，甚至一处会馆会供奉多个神灵，比如"湖广会馆设有文昌帝君庙和乡贤祠，供奉掌管仕途的文昌帝君和受两湖士人尊崇的省内乡贤；黄陂会馆内设有供奉本地乡土神即三世佛、二尊者、关帝和娘娘的庙宇等等"[①]。

（三）商帮会馆

商帮会馆的主要功能是在与其他商帮或牙行打交道时保护同乡商人的利益。商帮会馆同样是以移民会馆为基础产生的，它的基本功能是通过共同的移民信仰把同籍商人联合起来"联乡情于异地""叙桑梓之乐"，而更重要的功能则是在与牙行相周旋、抗衡的过程中为本帮商人提供保护，并在与其他商帮的竞争中协调关系和解决矛盾。另外，移民信仰在商帮会馆中又多了一个作用，即以神灵为名约束商人恪守诚信，义利兼得。

湖广会馆中的商帮会馆比重较低，因为直到晚清时期，湖北本地人在当地商业中的参与比重都非常低。如晚清时日本驻汉口总领事水也幸吉认为："如汉口之大商业地，其有力之商人，大概为广东、宁波人，而湖北之土人，却不过营小规模之商业，工业颇幼稚。"张之洞也认为："汉口

---

① 张红叶，顾军. 北京湖北籍会馆的变迁[J]. 北京档案，2016（9）：50-52.

之商，外省人多，本省人少。"德国探险家李希霍芬的观察更为尖锐，他认为："湖北的居民，主要是农民，其商业委之于山西人和江西人，运输业让给浙江人和湖南人。"尽管湖北人如此不善于做生意，湖广地区还是出现过一支比较有名的商帮——黄州商帮，它虽然不在中国十大商帮之列，但它作为近代湖北商场上一支重要力量，为黄州、汉口乃至湖北全省的近代化进程做出了重要贡献。黄州商帮来自前文提到的黄州府，黄州移民所建的商帮会馆就是黄州会馆（帝主宫）。另外，湖北其他州县也有商人在外建立商帮会馆，例如宣化店湖北会馆、郑州湖北会馆以及青岛两湖会馆等；而湖南的州县商业氛围较浓厚，其产生的商帮会馆较湖北更多，在此不再赘述。

以上是按主要功能划分，实际上会馆大多兼有多种功能，所以这三类会馆的分类可能互有重叠，而这些重叠也正是移民活动所导致的。

第二章

移民活动与湖广会馆的分布

移民活动与禹文化、禹王宫、湖广会馆都存在比较重要的联系，因此首先要对移民活动的分类进行梳理，探究这些活动对禹王宫、湖广会馆的影响，通过比较移民线路与禹王宫、湖广会馆的分布来得出结论。

第一节　移民活动的分类

国内关于中国历史上历次大移民的研究最全面且最出色的当属师从谭其骧先生的葛剑雄老师等人了。在其最重要的著作《中国移民史》中，葛剑雄老师对移民问题做了比较深入的探究。书中首先将移民定义为"具有一定数量、一定距离、在迁入地居住了一定时间的迁移人口"，并按照移民目的将其分为"生存型移民"和"发展型移民"，其次将移民史分为先秦、秦至元末、明初至太平天国运动、晚清至民国四个阶段，最后归纳出自北而南的生存型移民、以行政或军事手段推行的强制移民、从平原到山区及内地到边疆的开发性移民、北方牧业民族或非华夏族的内徙与西迁、东南沿海地区向海外的移民共五种移民类型。笔者认为这些定义是比较贴切的，后文将沿用这一框架来展开，只是对于五种移民类型的界定，笔者认为在会馆研究的背景下可以进一步归纳。

生存型移民指的是为维持自身的生存而不得不迁入其他地区定居的人，或者说是以改变居住地点为谋生手段而迁移的人。发展型移民指的是为了物质生活或精神生活的改善而迁入其他地区定居的人，或者说是以提高物质生活或精神生活水平为目的而迁移的人。笔者将这两种移民进一步分为生存移民（流民）、生活移民、商业移民和政治移民四种。

（1）生存移民即流民形成的主要原因是迁出地的不可抗拒推力，如自然灾害、战争动乱等。在恶劣条件的推动下，这一类移民被迫背井离乡，他们考虑的首要问题就是生存，因此迁移并没有明确的目的地，也走不了太远，大多走走停停，在稍远离战争或灾害的地方就安顿下来。这一类移民原来的身份可能非常多样，但已经被战乱或自然灾害冲刷干净，在逃难的过程中他们几乎丢失了全部的生产资料，仅对故土的眷恋还保留在记忆中。

（2）生活移民产生的原因一方面来自迁出地的推力，如土地矛盾、人口压力，另一方面来自迁入地的拉力，如优越的资源、官府的优惠政策等。这里迁出地的推力并不是十分强，不至于威胁到生存，例如土地矛盾和人口压力只是推动他们从人口密度高的地方迁移到密度低的地方。这一类移民有比较明确的目的地，他们大多是农民或手艺人、工匠等，他们能携带主要的生产资料在迁入地重操旧业。

（3）商业移民的产生原因与生活移民类似，不过更侧重于迁入地的拉力。在多地之间来回流动，赚取差价，积攒大量财富是商业移民行动的主要动力。商业移民的主要成分自然是地主、商人，还包括一些有抱负、敢于冒险的普通百姓。

（4）政治移民即前文所说的寄寓京城的同乡举子仕宦，其目的地明确，就在京城，推动他们的力量是挤入官僚系统后可能获得的物质资源和精神满足。因为实现手段是从政，所以将其定义为政治移民。政治移民的主要成分是官僚、士大夫、知识分子等。

可以看出，这四种类型的移民之间存在着类似马斯洛需求层级的递进关系。在此仅以比较简单的转化过程为例，第一代流民在解决生存压力后可能又会因为生活压力，再次扶老携幼背井离乡，以家族为单位迁徙到异乡。当这一代生活移民安顿好以后，出于对更好的生活品质的需求，可能会通过商业活动来获取更多的经济利益。当取得一定财富后，随着地位的提高，在古代"官本位制"以及"优则仕"等主流思想的影响下，又会产生政治诉求，试图挤入政治圈层。

第二节　历次移民线路

移民活动对禹王宫和湖广会馆的影响也会反映在禹王宫与湖广会馆的地理分布上，这一点从禹王宫、湖广会馆的地理分布与涉及湖广地区的历次移民线路的对比中可以看出来。笔者沿用葛剑雄先生对移民活动时段的划分，将湖广地区的移民活动划分为明朝以前、明清时期和清末到民国初年三个阶段来研讨。

一、明朝以前的南北移民

明朝以前的移民活动包括上古时期传说中的移民活动和秦汉以后有详细记录的移民活动。这些移民以生存移民为主、以生活移民为辅，移民活动的方向主要是由北往南。

（一）上古时期

上古时期的总人口十分有限，如果把人口转化为光点，那么整个华夏大地几乎漆黑一片，只有在黄河流域的中原地区才显得比较明亮。主要的人口集中在这里活动使得中原地区的开发程度相对较高，成为各个部族争夺之处，即所谓逐鹿中原，而失败的部族被迫外迁。由于周围的土地大都未经开发，逃亡的部族很容易生存下来，这导致其迁徙的目的地并不明确；同时又由于上古时期落后的交通技术，沿水系顺流而下是最省力的方式，这导致该时期迁徙活动易受地理因素影响。例如《竹书纪年》中记载夏朝多次迁都，主要集中在黄河流域的河南段，这可能是在夏朝统一过程中不断地向外扩张导致的。商周时期的大规模人口迁移还有其他原因。例如在商朝，由于黄河下游的多次改道形成了肥沃的淤积区，也吸引了大量人口迁移。而在周朝，由于分封制的盛行，引起了更为广泛的人口迁移，最终形成了战国时期诸侯国割据的局面（见图2-1）。

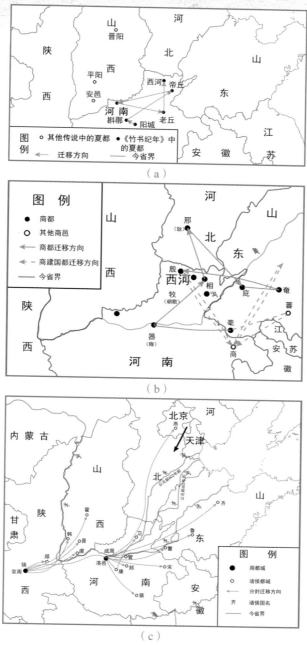

图 2-1　夏商周时期的人口迁移线路

　　综上所述，这一时期移民线路的特点是以中原地区为中心向外扩散，逐渐散布至黄河流域中下游，并通过汉水流域与湖广区域发生联系。后期由于移民范围进一步扩大，移民开始在长江流域活动，并最终形成了湖广地区的代表性文化——楚文化。

（二）西晋"永嘉之乱"

秦朝至东汉期间的人口迁移也多是集中在黄河流域往复，直到西晋永嘉五年（311年）的"八王之乱"导致北方游牧民族第一次侵入黄河流域腹地，继而引发中国历史上第一次大规模人口南迁，即所谓的"衣冠南渡"。

这次移民的南迁路线主要分为两条（见图2-2）：一条是沿着淮河等东南方向水系往长江下游的江苏一带迁移；另一条是沿着汉水南下，以汉中和襄阳为集散地，再向河南、湖北以及更南的湖南北部迁移。大量的生存型移民裹挟着北方士族集体南下，他们带去的文化与技术经验使得政治经济及文化中心一度南移。在中原人眼中，南方曾经是自然环境恶劣、经济文化落后、生活方式野蛮的地方，他们这次南迁使长江流域得到了进一步的开发。

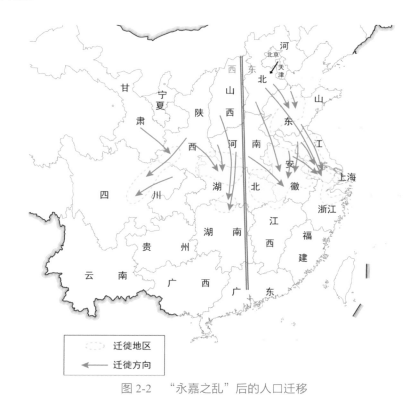

图 2-2 "永嘉之乱"后的人口迁移

（三）唐朝"安史之乱"

唐朝爆发的"安史之乱"（755—763年）引发了汉人南迁的第二次高潮。"安史之乱"使得北方又一次陷入混乱，给全国人口最为密集的中原地区带来了极为惨重的战争破坏。"安史之乱"平息后，北方人口的南迁仍然没有中止。

相比第一次南迁只到达了湖南北部，这次南迁一直深入岭南地区。其主要线路分为三条（见图2-3）：东线依托大运河将华北平原与淮南、江南连接起来并延伸至江西、福建；中线由关中和华北平原进入南阳、襄阳一带，然后穿过湖北、湖南进入岭南；西线是从关中翻越秦岭进入汉中地区以及四川盆地。湖广地区作为中线上的重要节点聚集了大量北方移民，尤其是襄阳、荆州、武昌等地人口几乎增加了一倍有余。唐末韦庄《湘中

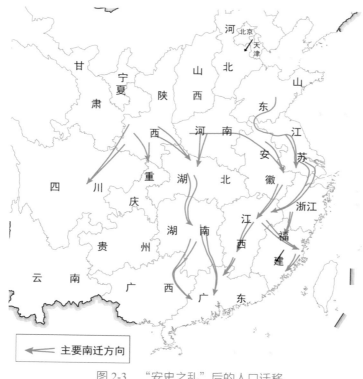

图 2-3　"安史之乱"后的人口迁移

作》一诗中"楚地不知秦地乱，南人空怪北人多"反映的就是这种情况。这次北方人口的大量迁入使得南方人口总量超过了北方，且由于迁入地范围广阔，南方整体经济迅速发展，全国经济中心、文化中心加快南移。

（四）北宋"靖康之乱"

北宋时期的"靖康之乱"（1126年）引发了汉人南迁的第三次高潮。连年的战争和随之爆发的饥荒、疫病使得北方以及中原地区的人口大举南迁，一直持续到南宋灭亡都没有停止。

由于战乱波及的范围更广泛，这次南迁的规模和范围都超过了"安史之乱"后的南迁。移民的主要线路也分为三条，与"安史之乱"之后相似，只是更加深入（见图2-4）。湖广地区在南宋初年仍然地广人稀，还属

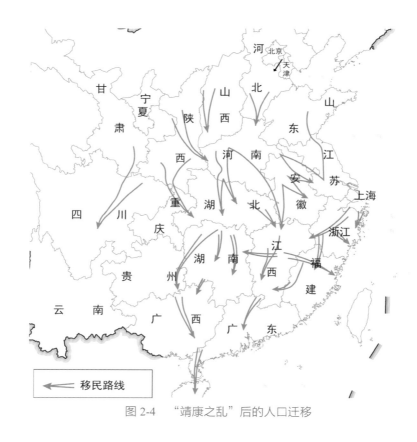

图2-4 "靖康之乱"后的人口迁移

于落后地区，这次也因人口迁移获得了巨大发展。在南方获得大发展的同时，北方则由于战乱经济萎缩、人口减少，全国人口分布与经济文化地位南重北轻的格局开始形成并一直维持到近代。

总之，明朝以前的历次大移民主要是由战乱尤其是北方民族的入侵引起的。大规模生存型移民的南迁使得中国人口逐渐向南转移，伴随着的是全国文化与经济中心的不断南移。这一期间湖广区域主要是作为移民的迁入地，人口总量不断增加，土地开发程度不断深化，文化方面也受北方影响较深。

二、明清时期的东西移民

明朝初年，南方地区已经得到较大的发展，再加上统一带来的稳定局面，不可能再出现以前的大规模南迁现象。之前南下移民的三条线路是以东线为主，中线次之，西线更次，导致南方人口密度呈现东高西低的特点。根据《新元史·地理志》的记载可计算出，南方江浙行省人口密度约为100人每平方千米，江西为50人，湖广不到20人，四川不足5人。如此大的人口密度差异，形成了一个自然的人口"抽水机"，使得东部的人口自然向西部流动。另外，明朝政府的导向对于移民西进也起到了积极作用。为了使移民活动能顺利进行，明朝政府颁布了一系列优惠政策，如发放棉衣、川资（迁移路费）以及安家、置办农具的银两，到了迁入地可以"自便置屯耕种"，还免其赋税三年，由此掀开了移民自东向西大规模迁移的序幕。

明初大移民南方的重要集散地是麻城孝感。明洪武十年（1377年），麻城县升为散州，统辖七县移民迁川事务，办理江西迁入移民的接收、安置、过籍事务。江西移民经由麻城去往四川，停留在湖广当地的也不少，形成了著名的"江西填湖广"现象。到了明末清初的时候，发生在四川一带的战乱使得当地人口锐减，而"江西填湖广"又使得湖广地区人口增加，导致东西人口密度差距进一步拉大。同时清政府也开出了一系列优厚条件：一方面拨给农具、口粮、籽种等基本生活和生产资料鼓励移民入川垦荒，而且特别针对四川的具体情况制定了《入籍四川例》，规定"凡流寓情愿垦荒居住者，将地亩永给为业"；另一方面对招民垦荒有功的官员给予奖励，例如康熙时期不管是流落在外的蜀民还是入川垦荒的外省移民，招民三百户即可授官。在这种背景下产生了著名的"湖广填四川"运动（见图2-5），而湖广地区移民入川的主要路线为川鄂线、川湘线。

（一）川鄂线

古代从湖北进入四川主要通过东部的长江水道乘船逆流而上，由于花费较多，一般老百姓没条件选择水路的也会就近选用陆路。走水路的移民大多是由麻城孝感乡出发，沿长江途经宜昌，穿长江三峡，至奉节、云阳，进入重庆，再由重庆往西进入四川其他区域。由于道路较长，有些移民在船只泊岸时被沿途场镇吸引下船定居，如新滩、云安、西沱、龙兴、重庆等都有许多移民定居，这些古镇中大多建有湖广会馆，有的还保存至今。

从湖北出发入川的陆路通道主要有两条：一是从麻城孝感出发，沿着著名的"随枣走廊"，途经云梦、安陆、随州、枣阳、襄阳进入十堰地区，再转向陕西南部，越过大巴山走金牛道、米仓道和荔枝道进入川北区域。沿途的谷城、黄龙、荆紫关、蜀河等地至今还保留有移民所建的大量会馆。二是沿唐宋时开辟的从巫山通往湖北恩施的南岭山道，从长江南岸湖北的恩施经建始、蒲潭塘、大石岭、南岭山一百零八盘到达巫山、夔州各地。

（二）川湘线

从湖南出发的移民中有少部分北上湖北再跟随湖北移民入川，其余大部分则是从湖南直接入川。由于湖南与四川（当时含重庆，下文不再赘述）仅有湘西一部分山区毗邻，从陆路入川的难度较大，而湖南境内水系发达，因此走水路成为从湖南入川的主要方式。

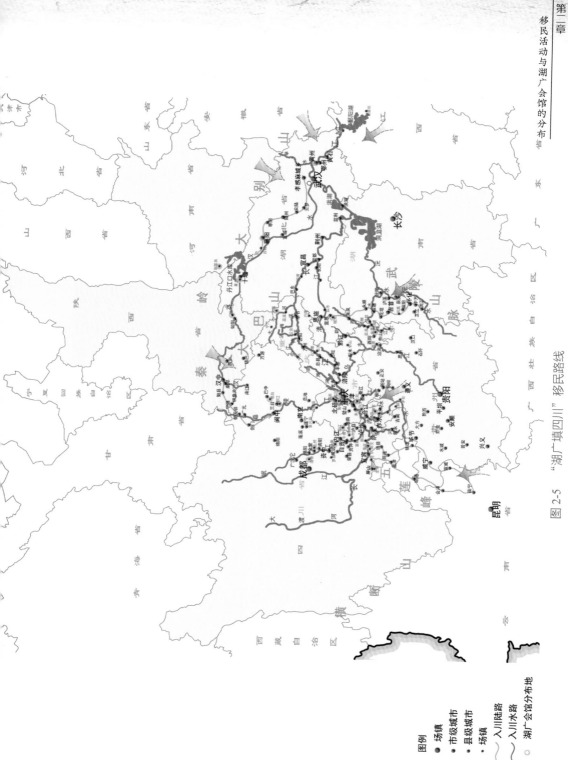

图2-5 "湖广填四川"移民路线

图例
● 场镇
●● 市级城市
● 县级城市
∙ 场镇
～ 入川陆路
～ 入川水路
○ 湖广会馆分布地

移民主要通过酉水和沅水这两条水路进入四川。沅水线中移民由洞庭湖出发沿沅水流域途经湘西泸溪、吉首抵达四川境内，过秀山，沿乌江抵彭水、涪陵、重庆而西进。这条线路中的吉首—秀山段需要陆路辅助，不同于走长江水路可以直接到达，这种停顿也会导致移民的羁留甚至定居，进而导致会馆的形成。酉水线与沅水线有一定的重合，需要先沿沅水抵达沅陵，再沿酉水而上，最终抵达川东。这两条水路由于都要经过酉阳、秀山、黔江、彭水区域，因此这个地带移民较多，建造的会馆也比较多，如龙潭、后溪等都还保留有会馆建筑。

由于湘西山区的阻隔，从陆路入川难度很大，从湖南入川的陆路也主要是通过湖北西南区域再进入四川，即从洪江出发，走吉首、永顺、来凤、恩施一线，再由湖北恩施往西进入川东区域，这条线路呈纵向分布。这条通道上的凤凰、晓关至今仍保留有完整的会馆建筑。

总的来说，明清时期的大移民集中在南方地区，并呈现出从东到西流动的特点。这一时期的移民主体是生活型移民，迁徙的动机来自人口密度的压力和政府政策的导向。这一时期湖广地区的开发力度提升了很多，人口迁入、迁出规模较大而且比较平衡，在移民的来往交流中文化与经济得到巨大发展，出现了"湖广熟，天下足"的局面，这也极大地增强了湖广地区的文化影响力，对于湖广会馆的传播大有裨益。

三、清末到民国初年的移民

清朝末年到民国初年中国人口总量已经达4.3亿，同时全国各地均已发展饱和，除了西境和北疆，可供新移民发展的地区已经不太多。西境高海拔地区不太适宜居住，而帝国主义列强的入侵迫使清政府最终全面开放东北和内蒙古，因此北方边疆成为移民新的目的地，掀开了移民闯关东的序幕。

关东对内地民众的吸引形成了一股从南往北的移民浪潮。光绪三十四年（1908年）黑龙江巡抚程德全奏准《沿边招垦章程》后，在汉口、上海、天津、烟台等地设立边垦招待处，通过对应招者减免车船费用等手段鼓励移民前往关外。对于湖广地区，移民去往关东的路线与进京的路线高度重合，所以在这条线路上也有不少湖广移民羁留的现象，增加了这条线路上湖广会馆出现的可能性。

第三节　禹王宫、湖广会馆的分布

笔者通过实地调研、查阅论文著作以及梳理县志的方法整理出了禹王宫、湖广会馆总表（详见本书附录一）和现存禹王宫、湖广会馆总表（详见本书附录二），并依据表格绘制了全国禹王宫、湖广会馆分布图（见图2-6）。需要注意的是，由于禹王宫和湖广会馆虽有一定区别但关系密切，所以在一部分记录中无法将二者区分，笔者在制图时即统称为禹王宫、湖广会馆，而且明朝之前的一定是禹王宫。从图2-6中可以很容易看出湖广会馆的分布与移民线路存在着联系，下文从黄河水系、长江水系以及京汉铁路沿线三个部分展开说明。

一、黄河水系

黄河流域的禹王宫、湖广会馆的分布主要受到明朝以前移民的影响（见图2-7）。准确地说，这一时期移民活动的产物是禹王宫，因为湖广会馆的实体与概念是在明朝时期出现的。按照前文分析，首先是大禹在各地治水带去大禹的影响，接着上古时期的移民迁移使得大禹文化自西向东进一步传播融合，最终为大禹信仰在整个黄河流域的传播打下了基础，并产生了大量的禹迹建筑，也为之后禹王宫的产生做了准备。

建筑在古代是一项耗时耗力的活动，移民线路对建筑的影响会有一定的滞后性，因此大禹治水线路和上古时期移民线路对禹王宫（庙）分布的

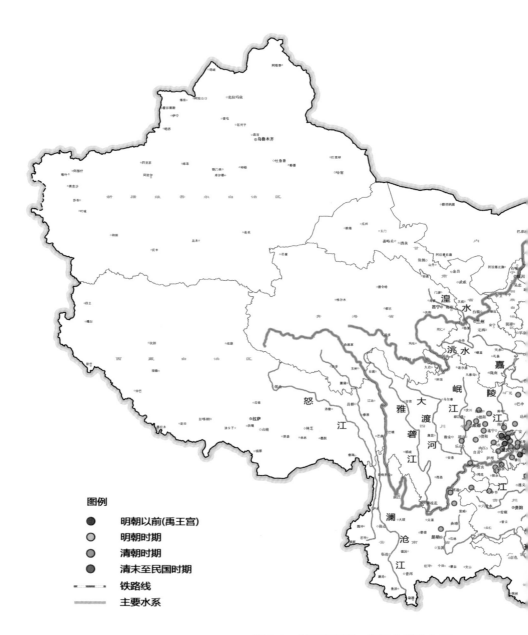

图例

- 明朝以前(禹王宫)
- 明朝时期
- 清朝时期
- 清末至民国时期
- —·—· 铁路线
- —— 主要水系

图 2-6　全国禹王宫、湖广会馆分布图

影响直到汉朝乃至宋朝时期才反映出来。如前文分析，禹王崇拜氛围下的官方提倡与民间信仰推动了汉唐禹王宫（庙）的诞生。这一时期的禹王宫（庙）在陕西、河南、安徽等地呈点状分布。随着之后的三次汉人大规模南迁，大量生存移民的需求进一步推动了禹王宫（庙）的修建。位于移民东线的安徽一带禹王宫沿着淮河与大运河等通道向江苏扩散，位于移民中线的河南禹王宫（庙）沿着汉水等通道向湖北扩散，位于移民西线的陕西禹王宫（庙）沿着入川通道向四川扩散。

所以，修建于明朝以前的禹王宫（庙）几乎都分布在北方的黄河流域，并且与明朝以前的移民线路有较多重复，可见禹王宫的分布确实受到了移民线路以及大禹治水线路的影响。

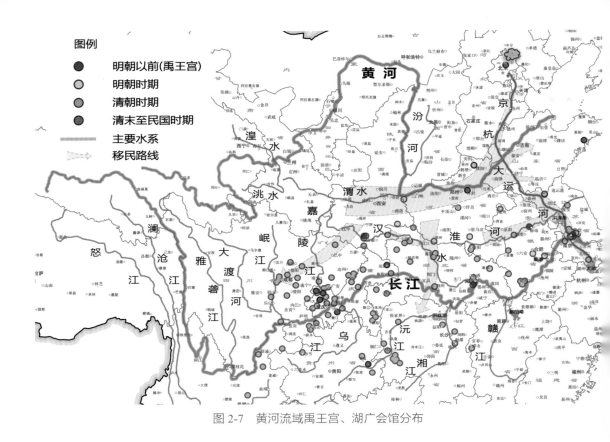

图例

● 明朝以前(禹王宫)
○ 明朝时期
● 清朝时期
● 清末至民国时期
～～ 主要水系
⟶ 移民路线

图 2-7　黄河流域禹王宫、湖广会馆分布

二、长江水系

　　长江流域的禹王宫、湖广会馆分布主要受到明清时期的移民活动影响，尤其是"湖广填四川"和"江西填湖广"活动（见图2-8）。这一时期移民活动的产物主要是湖广会馆，因为这一时期的移民主要是生活移民。前文分析过生活移民对发展的需求使得禹王宫发展出集会议事等新功能，同时明清两代较长时间的稳定局面使得生活移民可以持续地分化成商业移民和政治移民，由此产生的额外需求又进一步促进了禹王宫向湖广会馆的转化，因而湖广会馆才在这一时期脱胎于禹王宫而诞生，并成为湖广移民活动的主要产物。

　　如图2-8所反映的，明朝以前的东线移民线路、"江西填湖广"线路、"湖广填四川"线路对长江流域禹王宫、湖广会馆的分布起到重要影响。东线移民的主要通道是京杭大运河以及长江下游，移民从北方沿运河南下或者经由淮河自西北往东南迁移，少量湖广移民也可能直接顺着长江来到这里，因此这一区域的禹王宫（庙）集中分布在大运河南段，尤其是在与长江的交汇处最为密集。在"江西填湖广"线路中，移民主要是由江西一带往湖广迁移，不过在较长的时间段中移民路线并不是单向的，还存在少量移民反其道而行之，由湖广沿着长江顺流而下迁往江西一带，因此江西沿长江一带也有少量禹王宫、湖广会馆分布。"湖广填四川"线路无疑是湖广移民的主要线路，从图中也能明显看出长江中上游流域禹王宫、湖广会馆分布最密集。川湘线移民沿着沅江到乌江迁往四川，川鄂线移民沿着

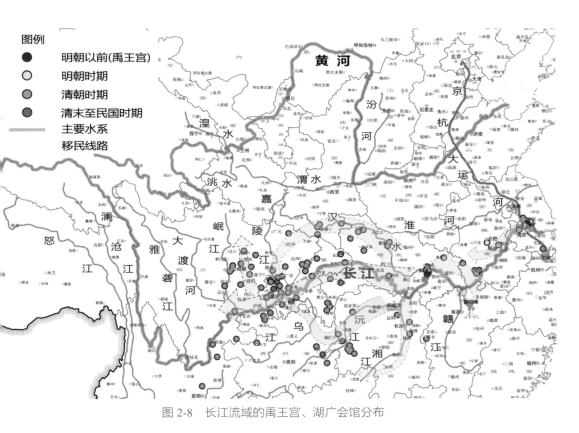

图2-8　长江流域的禹王宫、湖广会馆分布

汉水经由陕西迁往四川或者直接沿长江逆流而上到达四川，移民在四川境内还会通过长江的岷江、大渡河等支流再迁移，因此这些水域附近也分布有大量的禹王宫、湖广会馆。

图2-8还反映出长江上游一带存在一部分清末时期修建的禹王宫、湖广会馆。四川位于西南腹地，由于盆地在地理上的封闭性，加上物产丰饶而使其在经济、文化等各方面自成一体，成为一个相对独立的世界，其抵御外界影响的能力也较强，因此即使在会馆式微的清末时期，仍有一些禹王宫、湖广会馆在这一带修建。

综上，长江流域是禹王宫、湖广会馆的主要分布区域，其中又以西南地区为重。这一区域的禹王宫、湖广会馆主要产生于明清时期，明清也是其最为兴盛、数量最多的时期，明清时期的湖广移民活动对禹王宫、湖广会馆的分布起到了重要影响。

三、京汉铁路沿线

在明清两代长达五百多年统治期内，北京基本都是中国的最高行政中心，由此必然会形成以京城为中心向四周辐射的吸引力，造成地方向京城的人员流动。在五百多年的时间内，人员流动形成了相当稳定的路线。而湖广地区往京城的人员流动主要可以分为前后两个时期，前者依靠明清时期的驿道等官道，后者则依靠清末修建的京汉铁路。

（一）明清驿道

驿站是古代供传递官府文书和军事情报的人或来往官员途中食宿、换马的场所。除了进京赶考的考生，平民几乎没有机会使用驿站，不过驿站间的道路却是平民进京可以使用的，因此标记出湖广地区进京驿站的位置，便可以大致反映出湖广前往京城的人员流线分布。

杨正泰先生在其著作《明代驿站考》中对明代驿站进行了重要的梳

理工作，在地理学、地图学、气象学、经济学、历史学、社会学等方面都有研究参考价值。笔者利用《明代驿站考》的研究成果整理出了湖广进京通道上的部分驿站位置（见表2-1）。

表 2-1　湖广进京通道上的明清驿站分布

地区	《明会典》所载驿考（部分）
湖广	夏口水驿（武昌西）、石头口水驿（嘉鱼县）、官塘驿（蒲圻）、咸宁马驿（咸宁）、富池水驿、（阳新）石城、水马驿（钟祥）、乾驿（天门）、荆山马驿（荆门）、汉江水马驿（襄阳）、鄢城水马驿（宜城）、郧阳水马驿（郧阳）、李坪驿（黄州）、孙黄驿（公安）、凤楼驿（宜昌）、岳阳马驿（岳阳）、华容马驿（华容）、大荆驿（平江）、临湘驿（长沙）、大龙马驿（武陵）、界亭驿
河南	大梁驿（开封）、雍丘驿（杞县）、圃田驿（中牟）、永新马驿（新郑）、清颍马驿（禹州）、索亭马驿（郑州）、阳马驿（方城）、林水马驿（南阳）、桃林马驿（灵宝）、新中驿（新县）
直隶	恒山驿（正定）、礓河驿（沧县）、杨青驿（杨柳青）、鄚城驿（任丘）、金台马驿（保定）、阜城县（阜城）

资料来源：根据杨正泰《明代驿站考》整理。

（二）京汉铁路

清朝铁路的历史始于1876年淞沪铁路的修建，主要是短线铁路，并且集中在北方地区，唯有京广铁路贯穿南北，如同一条主动脉将中国的两头连接起来。

京广铁路分为京汉铁路与粤汉铁路两段，其中京汉铁路修建于1889年至1906年，粤汉铁路修建于1900年至1936年。由于粤汉铁路建成时间较晚，已经到了会馆建筑凋零的时期，因此粤汉铁路对禹王宫、湖广会馆分布的影响比较小，在本书中不作为重点研究对象。值得注意的是，由于晚清时期没有修建跨江大桥的技术，京汉铁路在汉口到达长江即截止了，旅客仍然需要通过水路跨过长江天堑的阻隔。而1936年粤汉铁路通车后，发展出火车轮渡往来于汉口、武昌两岸，使得京广铁路成为一条完整的铁路线。火车轮渡随着1957年武汉长江大桥的落成进入历史，相关遗迹一直保留到今天，也就是现在的武汉铁机路码头，武汉长江二桥北侧江边还留存有大量铁轨遗迹（见图2-9），以及用来摆渡火车的"武汉号"轮船（见图2-10），也还能看到轮船甲板上铺设的引导铁轨。

由于明清湖广进京驿道与京汉铁路有一定的重合并且历史上的官道线路有可能影响了京广铁路的选线，因此笔者将两者统一称为京广铁路沿线。通过整理上述信息，笔者绘出了京汉铁路沿线禹王宫、湖广会馆的分布图（图2-11），图中比较清晰地反映出了禹王宫、湖广会馆与明清湖广进京驿道以及京汉铁路的关系。如前文分析，明清时期湖广进京的举子与仕宦带动了京城湖广会馆的建设，因此北京有大量明清时期的湖广会馆聚

图 2-9　粤汉铁路临江末端

图 2-10　火车摆渡船"武汉号"

集，同时由于人员的流动，京汉铁路沿线也存在部分湖广会馆。到清朝末期以及民国初年，在洋务运动和闯关东的背景下，京汉铁路的建成推动了一波经济发展的浪潮，京汉铁路主线及支线上湖广移民的经济活动得以展开，因此沿线于1915年建立了郑州湖北会馆，于1933年建立了青岛两湖会馆。另外，京汉铁路在汉口的断开使得旅客不得不在此停留，客观上增加了汉口地区的经济活动，因此武汉一带也有许多湖广会馆分布。

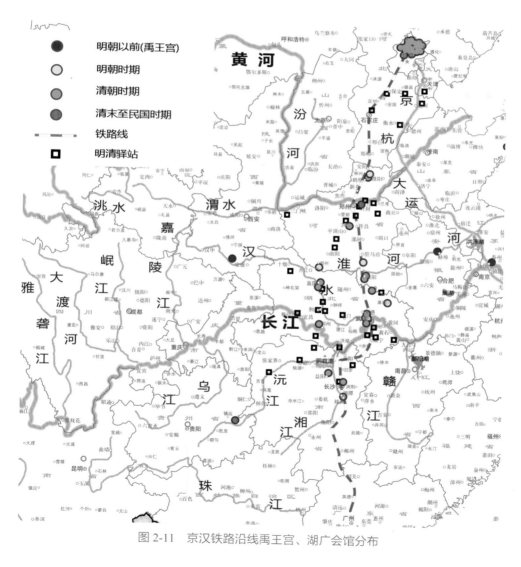

图 2-11　京汉铁路沿线禹王宫、湖广会馆分布

第三章 湖广会馆建筑空间及形态特征分析

移民文化对禹王宫、湖广会馆的影响不仅仅反映在二者的地理分布上，在其建筑物实体上也有所体现。另外，禹王宫、湖广会馆是移民活动的重要产物，产生于特定的历史背景和社会环境中，其在建筑上有自己的特征，因此下文笔者将利用实地调研的成果以及相关文献资料从建筑学的角度对禹王宫、湖广会馆的建筑形态进行分析。

第一节　湖广会馆的选址

湖广会馆大多选址在经济较富饶、人口较多的场镇上，由于部分禹王宫脱胎于禹王庙，其选址有所差异。

一、位于山中

部分禹王宫来自过去的禹王庙，指的主要是第二类即崇德报功性质的禹王庙。这一类禹王庙修建的初衷是教化民众，因此会选址在地势险要、人迹难至的高处，有一种将禹王崇拜宗教化的意味，如同藏在名山中的佛寺一般。

另外，堪舆术（俗称风水）对中国古代地理选址与布局也有不小的影响。通过查勘地理形势，审辨选址是否"藏风纳气"，方位是否"趋吉避凶"，最后确定一个环境优美的场地进行建造。"背山面水"在古代风水观念中是一条很重要的规制，为了获得良好的视觉效果，通常将正殿（主神位所在）设在高点，也突出了"神灵"的地位。

符合这一特点的禹王庙主要有蚌埠禹王宫、武汉禹稷行宫等，都需要登上长长的台阶才能到达（见图3-1、图3-2）。

图 3-1　蚌埠禹王宫上山通道　　　　图 3-2　武汉禹稷行宫上山通道

二、靠近码头

中国古代的长途商业贸易运输基本上是依赖水道进行的，所以自古商业城镇多在河流沿岸分布。汉水是长江最大的支流，航运十分发达，造就了沿岸众多繁荣的市场、码头和集镇。明清之际，与发达地区一样，汉江流域出现了大量由商帮兴建的会馆。伴随着码头的兴盛，几乎每一个城镇都有一条河街，河街与码头唇齿相依，会馆就分布在码头与河街上。

以汉口为例，其最大的码头是龙王庙码头，始建于明洪武年间（1368—1398年），位于汉江与长江交汇处的汉口一侧。

沿着龙王庙码头展开了一条正街，也就是现在的汉正街。为了防止来自北侧湖泊的水患，正街的北边修建有一条长堤（即张公堤），沿着长堤生出一条长堤街，包括帝主宫、禹王宫在内的大量会馆就散布在这两堤之间。由于龙王庙码头的存在，汉口商业的发达程度远远超过汉阳和武昌，从图3-3中明显能够看出汉口会馆的数量要远远超过武汉另外两镇。

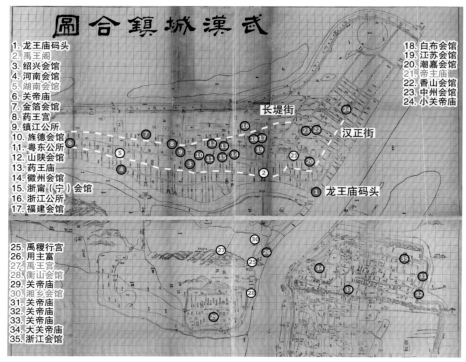

图 3-3 武汉三镇会馆分布

（改绘自《武汉城镇合图》）

汉水流域的其他商业重镇也存在这种现象。例如樊城汉阳码头位于沿江大道东段，因北对汉阳书院（汉阳会馆）而得名（见图3-4）。码头始建年代无考，原为土坡码头，清末改为石砌码头。枋心有石匾额，上刻"汉阳码头"，从落款"癸丑重建"推断牌楼可能建于咸丰三年（1853年）。木结构牌楼为四柱三楼，灰瓦屋顶，鸱吻相间。帝主宫就坐落在樊城沿江大道上。

旬阳码头，位于汉江与旬河交汇处的旬阳县城，码头边上就是湖广移民所修建的旬阳帝主宫。清朝时期汉江与其支流坝河、旬河、乾佑河构成了一个天然的水上运输网络。旬阳水运极为兴盛，湖北船只往来频繁，下行装桐油、生漆、苎麻、木耳等山货土特产，上行装布匹、糖、煤油、檀香、湖铁、纸张等手工业制品（见图3-5）。

图 3-4　樊城汉阳码头

图 3-5　旬阳码头

郧西县城的帝主宫也紧贴着码头设立，为了靠近码头，甚至选择设立在城墙之外（见图3-6）。

湖广会馆在四川地区的分布是最多的，在四川很多因水运交通而兴起的城镇里，湖广会馆也大多靠近码头。以重庆为例，古时重庆的"下半城"为行业中心，位于嘉陵江和长江的交汇处，由北至南分布着千厮门码头、朝天门码头、东水门码头、太平门码头、储奇门码头、金紫门码头。"八省会馆"就沿着河岸码头依次分布，离东水门码头最近的就是禹王宫（见图3-7）。

图 3-6　郧西会馆分布
（来源于《郧西县志》）

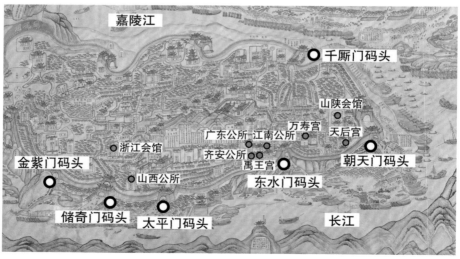

图 3-7　重庆会馆分布
（改绘自《渝城图》）

三、占据城镇中心地带

在一些远离主要航道的城镇，湖广会馆多建于喧嚣的市中心，融封建商品经济、宗族制度以及地方俚俗文化于一体。同时，在市中心的黄金地段建造会馆，既能聚集人气，又能体现自身的实力。

当然位置的选择还需要考虑其他因素，许多场镇过去都有着"九宫十八庙"的说法，同一个场镇里往往有多省会馆扎堆分布，对此笔者在调研中深有体会。许多会馆聚集在场镇的主街，也证明了场镇曾经的繁华。以成都洛带古镇为例，广东会馆、江西会馆和湖广会馆就分布在古镇老街上，它们的建造在一定程度上影响了古街的格局（见图3-8）。

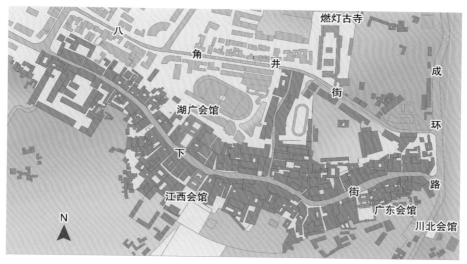

图 3-8　成都洛带古镇会馆分布

第二节　湖广会馆的形制分析

对建筑的形制进行分析可以从整体把握某一种建筑类型。同一类建筑通常由几种程式化的固定单元组成，经年累月，这些固定单元会发生一定的演化，发展出看似千变万化的建筑现状。

一、功能分析

不同于雕塑艺术，建筑是为人们的日常行为服务的，因此其功能需求直接决定了平面形式，在结构技术不太发达的古代尤甚。如前文所述，明清时期禹王宫的主要功能可以用"迎神灵，联嘉会、襄义举、笃乡情"来概括。

1. 迎神灵——祭祀乡神

禹王宫建立之初的重要功能就是祭祀大禹，最初的禹王祭拜等同于宗教信仰，深入每一个信徒的精神层面，是一种纯粹的精神生活。随着时间的推移，世俗化的元素加入进来，此时的禹王信仰体现出移民对故土的崇敬与强烈的同乡地域意识。湖广会馆中的乡神还包括"帝主"在内的其他神祇，均为湖广各地人所崇拜。

2. 联嘉会——酬神会戏

会馆中祭拜神灵时不仅要献上各种贡品跪拜，还要通过戏曲演出的方式来酬谢神灵的庇佑。禹王宫、湖广会馆的移民会在重大的祭拜之日，请来戏班子演出，视会馆财力，演出时间持续一天到十数天不等。

随着世俗元素的加入，酬神的同时，娱人的比重也逐渐在增加。商人们在此期间大摆筵席，与同乡移民们共同欢宴，也与本地士绅或官员沟通、逢迎，既促进了庆典的气氛，也加强了各方之间的认同。

3. 襄义举——慈善、督学

帮助同乡人并维护同乡人的利益是会馆设立的初衷，因此，会馆会主导一些公益慈善事业，例如助学济困、养老善终、维护社会秩序等。通过承担这些公益慈善事业，会馆更容易获得同乡人以及本地官府的认同。

4. 笃乡情——内部整合

会馆之所以有能力承担公益事业，是因为它有经济实力，有多种收入来源。会馆收入一方面来自商人或官员的资助，以及通过购买地产获得一定收益，另一方面来自会馆成员的会费。因为会馆能够整合资源，提供交流信息的平台，商人也能够在此集聚同乡力量来保护自己的产业，所以他们愿意出资维护这个平台；会馆利用收到的资金来襄义举，使普通成员也能感受到会馆的荫庇，所以他们也愿意缴纳会费。会馆即因此形成了良性的经济循环，逐渐发展壮大。

二、平面形制

中国传统建筑是在平面上展开的，例如北京故宫，基本单位是院落，即以建筑围合一块中心空地而形成的空间。建造者按照轴线关系，通过组织多个院子，拼合出整个建筑的布局。

湖广会馆的平面形制也不例外。会馆的平面按照功能整合成观演空间和朝拜空间两个部分，再按照轴线组织成两进院落，形成山门、戏楼、拜殿（看厅）、正殿的序列。拜殿与戏楼之间是前院，两侧用观廊围合。拜殿与正殿之间是后院，后院通常较小，成为天井，两侧以厢房围合。这是最为基本的布局形式（见图3-9）。通常湖广会馆会有两进院落，由于财力不同，个别湖广会馆可能增减为三进或者一进院落（见图3-10）。

通过院落连接，建筑群被分成动、静两个区间。动区对应的是观演空间，属于半开放性质，一般的同乡者都可以进入并观演、宴饮，满足了聚会、看戏等娱乐需求。静区对应的是朝拜空间，带有私密性质，要有一定地位的人才能进入，在此进行议事等行为（见图3-11）。这种分区方式主要是由建筑功能决定的，封建社会的等级观念对此也有一定的影响。

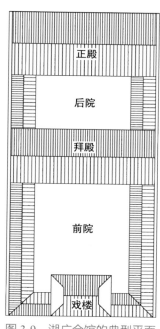

图 3-9 湖广会馆的典型平面

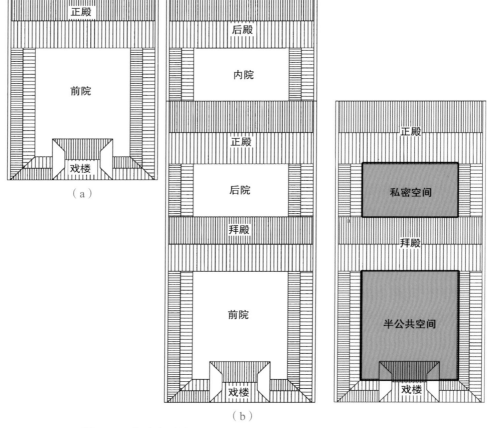

图 3-10　湖广会馆的平面变体　　　　图 3-11　湖广会馆的分区

三、建筑造型

会馆建筑不同于衙门、寺庙等官式建筑，也不同于民居，是一种半官式半民间的建筑形式。虽然会馆建筑的平面布局和功能分区大致相同，但不同省籍的会馆造型却不同，主要体现在山门、戏楼、屋顶和山墙这几个部分。

（一）山门

建筑是凝固的音乐，山门如同音乐的序曲一样是引领会馆建筑群的开端。对于远在他乡的游子，故乡的记号正是第一眼看到的会馆山门。由此可见，会馆山门需要有很强的标示性，因此造型会略显夸张。

湖广会馆的山门形式主要有随墙式牌楼门和独立式山门两种类型。随墙式牌楼门指建筑的外墙与正门合二为一，门如同嵌在墙壁上。这一类山门通常以牌坊的造型出现，分成三开间，明间最高且宽，两端次之，屋顶高差变化明显，采用石制或木质斗拱装饰，极尽夸张之能事。通常每一开间都设有一个门洞，形制随开间，正中的门洞是主入口，两侧的门洞一般是关闭的，在有的案例中两侧门洞甚至会被取消（见图3-12）。随墙式牌楼门还有一种类型，即明间最突出，两侧的次间消隐在墙上，或者直接扭转成八字照壁的形式，没有出现牌楼式那种高差变化明显的屋顶造型，但会用精致的砖雕来消解这种平淡感（见图3-13）。

独立式山门中，山门与墙的区分非常明显，甚至独立成楼，以体现山门的威严。其立面形式扩展为空间形式，让入口空间更加丰富，这种形式多见于北方的湖广会馆（见图3-14）。

（a）武汉禹稷行宫

（b）旬阳黄州会馆

（c）重庆齐安会所

（d）洛带禹王宫

（e）李庄禹王宫

（f）紫荆关禹王宫

图3-12　三开间随墙式牌楼门

（a）洪江黄州（洲）会馆

（b）黄龙黄州会馆

（c）芷江太平宫

（d）黔城太平宫

（e）洪江太平宫

（f）镇远两湖会馆

图3-13　次间消隐随墙式山门造型

（a）蚌埠禹王宫

（b）北京宝庆会馆

（c）北京湖广会馆

（d）福宝古镇禹王宫

（e）北京黄安会馆

（f）北京孝感会馆

（g）大同古镇禹王宫　　　　　　　　（h）宣化店湖北会馆

图3-14　独立式山门造型

（二）戏楼

湖广会馆建筑中的戏楼大多紧贴着山门背侧，一般与山门结合在一起。戏楼是酬神演戏的场所，是会馆的娱乐中心，是直接与普通民众接触的地方，具有极高的影响力，因而其造型非常丰富，周身被精美的雕刻装饰、艳丽的色彩覆盖，用"千般旖旎，万般妖娆"来形容都不为过。

戏楼通常可以分成竖向的三层（见图3-15）。底层比较矮，是交通空间，民众通过山门的门洞，穿过戏台下的这层走道才能到达会馆前院。中层即戏台，比较高敞，是演员的表演空间，其三面透空，使得光线充足。顶层是屋顶，覆盖整个戏台，多为歇山顶，个别案例会使用重檐歇山顶。

图3-15　戏台的竖向三层

表演空间可能会应用到古代的声学原理，并将相关构造与装饰物融为一体。例如大部分戏楼会在戏台上空设置藻井，使得声音形成回响，同时也装饰了戏台。有的戏台下方还会埋设装满水的瓮形成共鸣，可惜笔者在

调研过程中未能发现。戏楼的其他装饰也非常精美,在斜撑、枋、栏板等
处都有大量的木雕,展现出当时的审美观与精湛的工艺(见图3-16)。

　　还有一种比较特殊的戏楼造型是北京的湖广会馆戏楼(见图3-17)。
1790年徽班进京,经过六十年的发展,形成了集传统戏曲文化之大成的京
剧艺术。京城中上至皇亲国戚、达官贵人,下至平民百姓、贩夫走卒无不
为其倾倒。为了获得更好的演出效果,同时符合前来观演官员的身份,京
城发展出了室内戏楼,其本质是戏台加上院落,只是在院落上增盖了屋
顶,形成了独特的戏楼造型(见图3-18)。

(a)重庆禹王宫

(b)洛带禹王宫

（c）李庄禹王宫

（d）福宝古镇禹王宫

（e）石阡禹王宫

（f）旬阳黄州会馆

（g）双江禹王宫

（h）丰盛镇禹王宫

（i）宣化店湖北会馆

图 3-16　戏楼造型

图 3-17　北京湖广会馆的戏楼

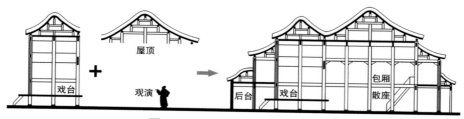

图 3-18　北京湖广会馆戏楼剖面

（三）屋顶

屋顶被称为建筑的"第五立面"，在中国传统建筑中，屋顶具有一定的基本形制，也就是俗称的"大屋顶"，通过基本形制的组合形成了丰富的第五立面。

湖广会馆建筑的屋顶形式很丰富，主要有重檐歇山、单檐歇山、悬山、卷棚、硬山等。在等级制度森严的封建社会，屋顶也需要遵照一定的等级制度。最重要的山门、戏楼、正殿最高可以使用单檐歇山或者重檐歇山，普通殿堂最高可以使用悬山屋顶，厢房、游廊可以使用卷棚顶，其他的辅助用房使用硬山顶。不过由于地理位置距离政治中心的远近以及建造时间的早晚不同，会馆建筑的屋顶形制也会有一定的出入，例如旬阳黄州会馆的戏楼大胆地使用了重檐庑殿顶，李庄禹王宫使用了盝顶，而靠近京城的郑州湖北会馆大殿使用的是硬山顶，天子脚下的北京湖广会馆戏楼使用的是卷棚顶（见图3-19）。

湖广会馆建筑通常依山而建，屋顶随着山势自然起伏，与连绵的山坡融为一体，形成了场镇中丰富的天际线。伴随着单体建筑屋顶形制的变化，整个建筑群的屋顶也呈现规律性的变化，如同生动而连续的旋律。

（四）封火山墙

封火山墙俗称马头墙，是墙体与屋面交接时的一种形式。它以土坯或砖石为材料，墙面高出屋面许多，因此可以隔离火势，起到防火的作用。高出屋面部分的处理手法各有不同，形成了封火山墙的多样造型。

湖广会馆的封火山墙通常用砖石砌筑，用条石垫底，造型非常丰富。第一种是比较简单的人字形山墙，例如亳州湖广会馆与宣化店湖广会馆，人字形山墙经过简单的变异发展出金字形山墙，例如漫川关武昌会馆、黄龙武昌会馆，都呈现出比较硬朗的线条。第二种是五花山墙，呈台阶状，例如丰盛镇禹王宫。第三种是云纹山墙，呈现出柔和的曲线，形如云朵，例如旬阳黄州会馆。云纹山墙变异出陡峭而不规律的曲线后，加以脊饰，就成了龙形山墙，例如重庆齐安公所，气势十足。龙形可能是为了加强会馆的气势，突出会馆的地位，也有可能寓有以龙镇火的意图。

封火山墙是湖广会馆建筑的特色之一，造型丰富的封火山墙结合墙体的雕刻绘画，如同扣人心弦的乐章（见图3-20）。

（a）龙兴禹王宫

（b）重庆禹王宫

（c）洛带禹王宫

（d）旬阳黄州会馆

（e）郑州湖北会馆

（h）李庄禹王宫

（g）黄龙黄州会馆

（f）北京湖广会馆

图3-19　屋顶造型

（a）亳州湖广会馆

（b）宣化店湖北会馆

（c）石阡禹王宫

（d）漫川关武昌会馆

（e）黄龙武昌会馆（一）

（f）黄龙武昌会馆（二）

（g）旬阳黄州会馆

（h）重庆齐安公所

（i）丰盛镇禹王宫

图 3-20　封火山墙造型

四、空间序列

湖广会馆建筑单体的造型非常丰富，其空间营造也十分出彩，入口处理以及观演空间和祭祀空间的序列方面都显示了自身特色。

（一）前导空间——入口

中国传统建筑非常重视建筑的入口，其形式与修建者的身份和地位相关，有"宅以门户为冠带"的说法。

湖广会馆属于公共建筑，因此需要比较气派的入口空间，通过前文提到的随墙式牌楼门与独立式山门，形成了丰富的入口空间。入口是湖广会馆建筑序列中轴线的起点，其背后通常是倒座而立的戏楼，戏楼的底部是低矮的通道，因此行人进入会馆需要从门洞穿过才能到达宽敞的内院，属于欲扬先抑的处理手法。不过也有个别案例使用其他做法，例如丰盛镇禹王宫，入口开在庭院的侧边（见图3-21），可能是因为正门前面被后来加建的建筑堵死了，也可能是为了方便管理。

（二）观演空间——戏楼、厢房与院坝

图 3-21 丰盛镇禹王宫入口

会馆进行酬神唱戏活动的重要空间就是以戏楼为核心的观演空间。戏楼作为演出空间，分戏台和后台两部分。戏台和后台通过上下场门连接，也就是所谓的出将门与入相门（见图3-22）。出将门位于面向观众的右侧，演员由此进场，入相门位于面向观众的左侧，演员由此回到后台。戏楼两侧可能会设置耳房，用来补充后台的空间，更多的时候是空出来作为戏台的一部分。

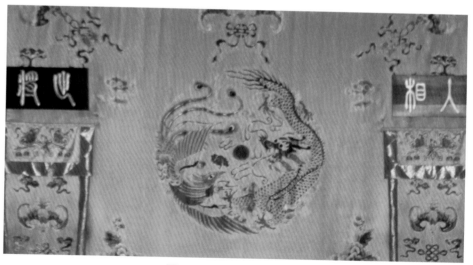

图 3-22 出将门与入相门

观看空间作为整个观演空间的另一重要部分，基本围合了演出空间。戏台的对面是拜殿（看厅），视线最好，供地位较高的人就座。拜殿与戏楼中间隔着宽敞的前院，前院两侧由观廊围合。根据视线的需求以及地形的差异，拜殿与戏楼的相对位置会有不同的处理方式，主要分为以下三种。

第一种情况：会馆所处场地比较平缓，并且有较大的前院。戏楼和拜殿底部标高是相同的，此时戏台台面高于拜殿标高。为了获得良好的视线，需要减小戏台台面与拜殿之间的相对高差，采取的方式有两种：其一是垫高拜殿，例如石阡禹王宫（见图3-23）；其二是将戏楼压低，例如丰盛镇禹王宫（见图3-24）。

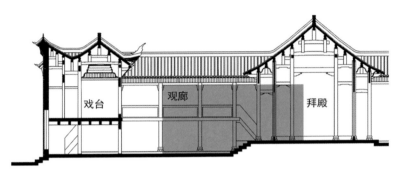

图 3-23　石阡禹王宫观看空间（灰色部分）

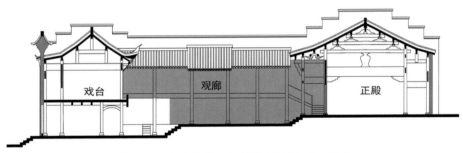

图 3-24　丰盛镇禹王宫观看空间（灰色部分）

第二种情况：场地高差大，院落也较开敞。这种情况下，拜殿高于戏台，形成的坡度较低，可以设置多段逐级升高的台阶，这样既能消解高差，也能形成天然的阶梯看台，例如双江禹王宫（见图3-25）。

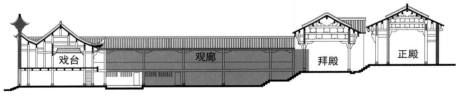

图 3-25　双江禹王宫观看空间（灰色部分）

第三种情况：在较小的院落存在明显的高差。此时由于空间局促，不可能用平缓的台阶来消解高差，因此会将拜殿高高抬起，形成明显的陡坎，从垂直于轴线方向的台阶进入拜殿，例如重庆禹王宫的做法（见图3-26），其戏楼与后殿的间距仅为3.3米。

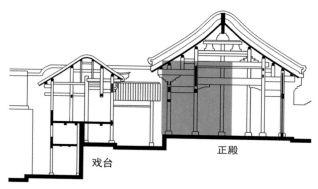

图 3-26　重庆禹王宫观看空间（灰色部分）

（三）祭祀空间——正殿、拜殿

正殿是供奉主神的地方，由于禹王宫祭拜大禹，通常正殿也称为禹王殿（见图3-27）。禹王殿需要强调肃穆与庄重感，因此必须相对封闭，创造出私密的环境。禹王殿前通常需要增设一间大殿，也就是前面提到过的拜殿。正殿与拜殿之间会使用一个小天井来过渡，以强化正殿的私密性（见图3-28）。

图 3-27　会泽湖广会馆正殿

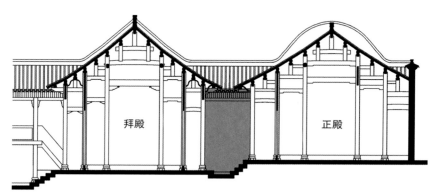

图 3-28　正殿与拜殿之间的天井（灰色部分）

　　正殿与拜殿不仅在距离上很近，在功能上也比较相似（见图3-29）。拜殿是辅助祭祀礼仪用的，属于祭祀的前序空间，参拜的民众可以在此等候完成准备工作，同时也使得祭拜活动更有组织性，增强了祭祀的仪式感。有时拜殿的入口处会设置独立的牌坊，以增强祭祀空间的气势，例如重庆禹王宫的做法（见图3-30）。

图 3-29　石阡禹王宫正殿与拜殿

图 3-30　重庆禹王宫牌楼

第三节　湖广会馆的营造技术

湖广会馆的营造技术在沿袭了原乡工艺的同时，还借鉴了所在地的民间工艺，在融合多种来源的技艺后形成了自身特色，下文主要从结构、构造与装饰三个层面来论述。

一、结构特点

（一）屋架结构

1. 穿斗式

在中国传统民居的大木作中，主要有抬梁式和穿斗式两种屋架。由于穿斗式结构对用材的尺寸要求不高，有的地方甚至用竹子来替代，因此经济性决定了穿斗式结构成为最普遍的屋架结构。

穿斗式结构的基本单位是排扇，在一排扇中，横向的构件枋贯穿每根柱子，因此也称为穿。架在穿上的短柱称为骑柱，相比于通长的支撑柱，骑柱好像孩童一样骑在穿上，因此也被称为童柱。由于穿的材料强度限制，一般两根柱子之间只设一到两根骑柱，偶尔有三根（见图3-31）。

图 3-31　丰盛镇禹王宫穿斗屋架

2. 抬梁式

相比于穿斗式结构，抬梁式由于一榀屋架中只有两根柱子落地，因此能获得较大的无柱空间。抬梁式结构对材的要求比较高，造价也因此昂贵。由于祭祀空间的神圣性，禹王宫的殿堂中间必然不能出现遮挡视线的情况，因此必须采用抬梁式结构，绝大部分现存的禹王宫都采用了这一做法（见图3-32至图3-34）。

图 3-32 石阡禹王宫　　　　　图 3-33 蚌埠禹王宫　　　　　图 3-34 武汉禹稷行宫

随着时间的推移，禹王宫中的抬梁式屋架也发生着演变，装饰性在不断增强，如三架梁下不置蜀柱，而采用驼峰，其他部位的蜀柱用布满精美雕花的片状构件替换（见图3-35至图3-37）。

图 3-35 双江禹王宫　　　　　图 3-36 重庆禹王宫　　　　　图 3-37 丰盛禹王宫

3. 混合式

通常情况下，禹王宫的同一处殿堂会将上述两种结构形式结合使用以扬长避短，即在中间使用抬梁式结构获得跨度，在两侧使用穿斗式结构获得经济性。这种混合结构在平面上表现出来的就是减柱造，一般是减去中柱，例如大昌帝主宫大殿（见图3-38）。

图 3-38　穿斗抬梁混合

还有一种混合方式是砖木混合结构，即省去两侧的穿斗结构，将中间抬梁屋架的穿枋直接搭在山墙上，例如铁佛湖广会馆大殿（见图3-39）。

图 3-39　砖木抬梁混合

4. 其他形式

笔者在调研中发现，有的建造于清末的湖广会馆已采用当时的先进结构，例如郑州的湖北会馆大殿就使用了木桁架结构（见图3-40）。

图 3-40　郑州湖北会馆木桁架

（二）减柱造

减柱造通常是减去大殿中心的柱子以获得开敞的空间，例如旬阳黄州会馆的拜殿和正殿就使用减柱造省去了明间中柱两根（见图3-41）。

戏楼中也因表演空间的需要常常用到减柱造。如重庆禹王宫的戏楼就减去前面两根金柱，目的在于减少柱子对表演者的干扰与遮挡。减去的柱子应当承担的屋顶荷载通过斜插的木枋传递到角柱，十分巧妙（见图3-42）。根据调研发现，戏楼的二层大多省去了两根金柱，而底层这两根柱子都存在，目的在于增加对荷载的承受能力，受力更加科

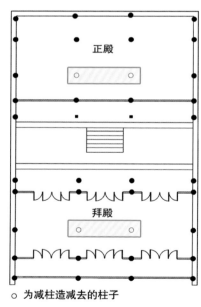

○ 为减柱造减去的柱子

图 3-41　旬阳黄州会馆减柱造示意

学。另外，并非所有的戏楼都会减去这两根柱子，因为有的台面已经足够宽阔，不需要减柱处理就能获得通透视线。

图 3-42　重庆禹王宫戏楼减柱造示意

二、构造细节

（一）山墙

明代以降，砖石材料开始大量普及。相比土坯，由于出色的防潮耐火性能，砖石在公共建筑中被大量使用。湖广会馆的山墙通常砌成空心斗子墙的形式，因为采用了前述屋架结构，山墙不再是承重构件，所以可以做出丰富的造型，形成多样的封火山墙。

湖广会馆的山墙往往高达十多米，空心斗子墙难以保证稳定性，为了加固墙身，工匠们使用铁栓构件将墙身与木构架连接在一起。铁构件平端紧压外墙面，另一尖头穿过山墙插入木构架，如同现代的钢筋结构，通过铁栓的张力将山墙与木构架连成整体。铁栓的平端拥有很多造型，最常见的是梭形，称为"蚂蟥箍"，因为其本身形状像蚂蟥，同时也取蚂蟥吸附牢固的意思（见图3-43、图3-44）。还有一些铁栓是宝瓶与蝙蝠的造型，取的是"保平（安）"与"福"的谐音，表达了建造者祈求平安、幸福的意图（见图3-45、图3-46）。

图 3-43　樊城黄州　　　图 3-44　漫川关武昌　　　图 3-45　漫川关武昌　　　图 3-46　旬阳黄州会馆
　　　　会馆蚂蟥箍　　　　　　　会馆蚂蟥箍　　　　　　　会馆"蝙蝠"　　　　　　　"宝瓶"与"蝙蝠"

（二）柱础

柱础是承受屋柱压力的基石。出于防潮和优化承压的需求，传统木屋架的柱子下方必须垫在柱础上。湖广会馆柱础的形式多种多样，一类是简单无雕琢的鼓式，浑然一体，比较朴素。一类是有简单的分层，形成三段或者两段线脚，但仍然缺少雕刻。还有一类是经过精心雕琢的柱础，例如铁佛禹王宫柱础雕成龙形，其刀法遒劲，形态生动，气势十足（见图3-47）。

（a）亳州湖北会馆　　　　　　（b）重庆禹王宫　　　　　　（c）龙兴禹王宫

（d）重庆齐安公所

（e）石阡禹王宫

（f）大悟湖北会馆

（g）双江禹王宫

（h）李庄禹王宫

（i）铁佛禹王宫

图 3-47　柱础

（三）月台

　　月台指正殿前突出、连着台阶的平台。作为殿前的休息空间，因可以在晚上赏月而得名。湖广会馆的月台通常设置在拜殿前，其外沿设有石栏杆以防跌落。例如李庄禹王宫的月台，高出地面约1米（见图3-48）。而双江禹王宫月台的做法比较特殊，它的月台处在半层的位置，沿轴线的两端都有台阶，分别连接拜殿和前院（见图3-49）。

图 3-48　李庄禹王宫月台

图 3-49　双江禹王宫月台

（四）斗拱

在湖广会馆的构架体系中，斗拱的运用不算特别普遍。起初，斗拱是在横梁和立柱之间挑出以承重的构件，将屋檐的荷载经斗拱传递到立柱，解决了大面积挑空屋顶的受力问题。随着建造技术的发展，湖广会馆中斗拱的结构功能已经退化，逐渐转化为一种纯粹的构造形式。及至清朝，斗拱的形式越发轻巧，排列更加密集，装饰功能尤为凸显。

湖广会馆斗拱多置于牌楼下或入口处，一般用材细小，数量较多，下昂繁复。例如重庆禹王宫牌楼处的龙头斗拱，檐下设有四层斗拱，昂与脚梁雕成龙头形状，昂处龙头朝着长江，寓意大龙锁江（见图3-50）。部分山门处甚至会用石材浮雕的斗拱来替代木斗拱，以更低廉的成本获得近似的装饰效果（见图3-51）

图 3-50　重庆禹王宫斗拱

图 3-51　扬州湖南会馆斗拱

斗拱本是官式建筑中采用的构造，是北方官式建筑的遗风，而湖广人将这种构造融入会馆建筑中，显示出会馆的半官方性质。

（五）屋面

湖广会馆通常做瓦屋面，一般而言，位于北方的湖广会馆多采用筒瓦，位于南方的湖广会馆多采用当地盛产的小青瓦（见图3-52）。在屋面的构造上，通常是在木梁架上置檩条，檩条上铺望板，板上置桷板，呈扁平状，尺寸大约是10厘米宽、2～4厘米厚。桷板大致相当于椽子，不过椽子的用材更大。

如果拜殿和正殿屋面靠得太近，其交接的部分下方会设置水槽帮助排水，从这里可以看出古人对细节的把控（见图3-53）。

（a）蚌埠禹王宫

（b）北京湖广会馆

（c）大悟湖北会馆

（d）李庄禹王宫

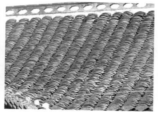
（e）石阡禹王宫

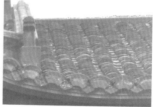
（f）武汉禹稷行宫

图 3-52　屋面瓦作

图 3-53　屋面交接处的水槽

三、装饰细部

湖广会馆属于民间建筑的一种，但是其装饰工艺与美学价值却几乎代表了民间建造技艺的最高水平，是湖广会馆的出彩之处。下文从装饰的题材、手法与部位三方面来对此进行论述。

（一）装饰题材

湖广会馆建筑的装饰题材非常丰富，几何纹样、动植物、人物、文字、戏曲内容以及民间传说都是常用的装饰题材。

常用的几何纹样如万字纹、龟背纹、铜钱纹、拐杖龙纹、冰裂纹、回纹、菱形纹等，多用在窗格、栏杆等处；常用的动物形象以龙、凤为主；植物题材包括松、柏、菊花等；文字题材以福、禄、寿、喜为主，表达了对美好生活的祈愿。

戏曲内容以三国题材最为普遍，因为《三国演义》在民间广泛流传，民众更喜闻乐见。一些表达"忠孝礼义"思想的民间传说题材也运用得很广泛，例如齐安公所的"二十四孝图"等。

（二）装饰手法

1. 塑像

塑像主要指禹王宫中大禹的塑像，不同地方的大禹造像具有一定的差异，不过基本符合其人物特点（见图3-54）。

（a）武汉禹稷行宫（一）（b）武汉禹稷行宫（二）　（c）双江禹王宫　　（d）重庆禹王宫

　　　　　　　　　　图3-54　湖广会馆的大禹造像

值得一提的是在个别禹王宫附近出土有赑屃负碑的塑像。相传大禹治水时降伏了制造水患的赑屃，由于赑屃是龙的第六子，恐其本性难易，便想用东西来压住它。大禹制作了一块厚重的无字石碑让赑屃去背，无字碑是说赑屃功劳盖世，碑文不足以书写完。当赑屃欣然负碑时才发现中了大禹的计谋，从此被压在石碑下再也不能兴风作浪。赑屃负碑塑像寄托着湖广移民对大禹消除水厄的感激之情，也被用来祈祷保佑风平浪静，属于禹王宫、湖广会馆特有的一类雕塑。重庆真武场禹王宫附近的田间就出土过三只赑屃负碑塑像（见图3-55），武汉禹稷行宫也有赑屃负碑的造像。

（a） （b）

（c） （d）

图 3-55　重庆真武场赑屃负碑塑像

2. 浮雕

浮雕是湖广会馆中比较常用的装饰手法，按材料分为木雕、石雕、砖雕。

石雕常用于接近地面的石栏板、柱础等部位，具有防潮与装饰两种功能。木雕的使用最为广泛，在屋架、额枋、封檐板等处都较常见，尤其是戏楼的栏板、撑弓、挂落、瓜柱等都是木雕技艺着重表现的地方。砖雕多用于山门以及屋脊处，模拟木结构，题材也很丰富，有花草虫鱼、戏曲故事以及福禄寿三星等传说人物形象。

3. 贴瓷片

贴瓷片这种装饰手法主要是从东南沿海流传过来的，演化自沿海地区的贝壳拼贴艺术，类似今天的马赛克拼贴，给湖广会馆建筑增添了些许"异域"风情。使用时一般是收集碎瓷片构图达到装饰的效果，取谐音"岁岁平安"之意。瓷片的颜色通常比较朴素，以青、白两色为主，多用于脊饰或山墙的山花处。

4. 彩绘

禹王宫中的彩绘艺术也比较精美，以黑红两色为主，偶尔点缀金色。红配黑可以说是古代楚地的传统色彩搭配，因为楚地在南方属于朱雀，主火，所以楚国人崇尚红色。黑色属阴，代表水，楚地正是水泽之国，所以黑色也是楚国的代表颜色。另外《韩非子·十过》里说"禹作为祭器，墨漆其外，而朱画其内"，指出在大禹时期就有红配黑的传统了。

5. 书法楹联

书法楹联的运用不仅是一种装饰手法，而且是建造者抒发情怀、展示政治抱负和道德追求的一种方式。

在湖广会馆中，楹联多被同乡子弟用来抒发思乡之情、讴歌先人事迹、赞誉乡神丰功。例如李庄禹王宫山门处的匾额刻有"功奠山河"，重庆禹王宫大门有联"三江既奠，九州攸同"，都是对大禹治水功劳的极高评价。洛带湖广会馆正殿有联"看大江东去，穿洞庭、出鄂渚，水天同一色，纪功原是故乡梦；策匹马西来，寻石纽、问涂山，圣迹几千里，望古应知明月远"，表达了湖广移民对故土的思恋之情。还有重庆禹王宫小戏楼的楹联"是是非非恩恩怨怨来来来认认真真想想事；忙忙碌碌朝朝暮暮坐坐坐潇潇洒洒宽宽心"，表达了一种淡然的生活智慧，读起来意味深长。

（三）装饰部位

1. 天花、藻井

湖广会馆建筑的室内吊顶大多采用彻上明造，即将整个梁架暴露在外，获得室内高敞通透的效果。也有一些采用天花的做法，也就是平闇，使建筑顶部表面平整（见图3-56）。还有一些采用藻井来装饰重点部位的屋顶，如戏台正上方，同时还能获得良好的音响效果（见图3-57）。

图 3-56　平闇

图 3-57　藻井

2. 额枋、撑拱、栏板

额枋是檐柱之间的横向联系构件，湖广会馆多采用雕刻来装饰，为了不影响额枋的结构强度，大多采用浮雕形式。

撑拱通常有板状和柱状两种。板状多以浮雕手法刻画花草、器物、文字和历史故事等，风格以朴实雅致取胜。柱状撑拱则多作镂雕，题材多以人物和动物为主，立体感很强，极富视觉冲击力（见图3-58）。

戏楼的栏板通常是戏楼装饰的重点部位，同时也是整个湖广会馆建筑群中雕刻最为精彩的部分。其手法以高浮雕为主，表现一连串的戏曲故事。木雕中的人物形象惟妙惟肖，展示出高超的雕刻手艺（见图3-59）。

（a）福宝古镇禹王宫柱状撑拱 （b）重庆禹王宫柱状撑拱 （c）重庆齐安公所柱状撑拱

（d）重庆禹王宫柱状撑拱 （e）洛带禹王宫板状撑拱 （f）重庆湖广会馆板状撑拱

图 3-58　撑拱处木雕

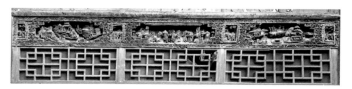

（a）龙兴禹王宫

（b）重庆齐安公所

图 3-59　戏楼栏板处木雕

3. 山门、墀头

山门通常是石雕极力表现的地方，山门处多用石材模拟木构的形式，以浮雕为主，题材丰富，包括人物形象以及花鸟虫鱼等，例如荆紫关禹王宫与扬州湖南会馆的山门（见图3-60、图3-61）。

图 3-60　荆紫关禹王宫山门浮雕

图 3-61　扬州湖南会馆山门浮雕

墀头是山墙出檐柱的部位，因此通常与封火山墙一起表达，多使用叠涩的形式收入山墙面。屋脊处往往高高起翘，以增强气势，如旬阳黄州会馆（见图3-62）。

湖广会馆建筑中存在一种比较特殊的砖雕形式，即在砖上阳刻会馆的名称，并用来砌筑，也就是所谓的"铭文砖"，多用于山墙面。湖广会馆中出现过的铭文砖包括黄州会馆的"黄州""黄州馆""齐安公"以及"黄州书院"等字样，武昌会馆也出现过"武昌馆"和"鄂郡"等字样（见图3-63）。

图3-62　旬阳黄州会馆墀头

（a）漫川关武昌会馆

（b）黄龙武昌会馆

（c）樊城黄州会馆

（d）黄龙黄州会馆

（e）旬阳黄州会馆

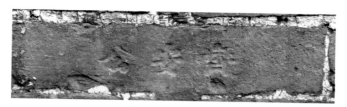

（f）重庆齐安公所

图 3-63　湖广会馆中的铭文砖

第四章 湖广会馆建筑实例分析

尽管有很多湖广会馆和禹王宫因为保护不善而逐渐消逝，但全国范围内现存的湖广会馆和禹王宫也不少，由于它们分布得较为分散，笔者寻访调研了其中一部分，下文选取十三个案例来展示，即蚌埠禹王宫、武汉禹稷行宫、重庆湖广会馆禹王宫、重庆湖广会馆齐安公所、北京湖广会馆、潼南双江古镇禹王宫、石阡禹王宫、巴南丰盛镇禹王宫、大梧宣化店湖北会馆，以及北京县籍会馆群中的麻城会馆、黄安会馆、黄冈会馆和孝感会馆。

第一节　华北地区的湖广会馆

在华北地区，湖广会馆的分布比较集中，主要在北京地区，山东等地也有零星分布，下文以笔者实地走访过的北京湖广会馆以及北京县籍会馆群中的四处会馆来分析华北地区湖广会馆的形制特点。

一、北京湖广会馆

北京湖广会馆位于西城区骡马市大街东口南侧，总面积达四千多平方米，是北京现存少有的拥有戏楼的会馆之一，属于全国重点文物保护单位。

（一）历史建置

北京湖广会馆始建于明朝万历年间，当时的首辅张居正为了方便家乡弟子到京城科考，捐出私宅修建了全楚会馆，他这一举动也引领了后来北京修建仕子会馆的风潮。朝代更替以后，这里又成为私宅，纪晓岚曾居住于此。嘉庆十二年（1807年），体仁阁大学士、湖南籍人士刘权之与顺天府尹、湖北黄冈籍人士李均简为联络南北之谊，出资重修湖广会馆。会馆中的大戏台则建于道光十年（1830年）。

（二）建筑现状

1. 平面布局

湖广会馆大门在北侧（见图4-1），后来为了进出戏楼方便，又在东侧设置正门（见图4-2）。会馆内的主要建筑是戏楼和乡贤祠。戏楼按南北轴线布置，从南到北依次是后台、戏台和观演区。游廊环绕戏台包围了四分之三圈，上下是包厢观演区域，中间空出的就是散座和茶座区域（见图4-3）。戏楼北侧是文昌阁（见图4-4）。根据北方公共建筑严格的坐北朝南形制，笔者推测北京湖广会馆原来在戏楼南侧应该有一个作为正门的入口，或者戏楼的南墙应该存在一个入口作为正门，但由于建筑阻隔，笔者不能到戏楼南侧验证。

图 4-1　北京湖广会馆北入口

图 4-2　东入口

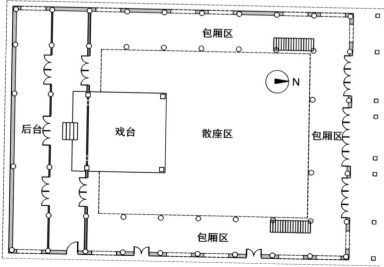

图 4-3　北京湖广会馆戏楼平面图

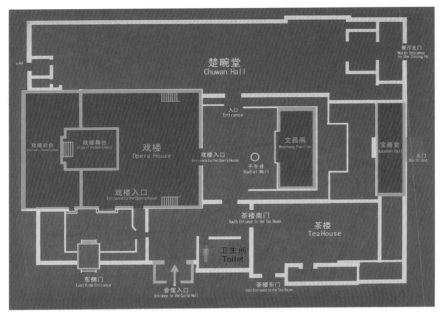

图 4-4　北京湖广会馆总平面图

2. 空间结构

从北侧看，戏楼主体面阔20米，分为五开间，进深达24米，分为八开间。会馆采用重檐歇山屋顶，屋顶架在三层，由两个大小不等的人字形坡顶并排放在一起组成，披檐在二层高处绕建筑一整圈，一层的东侧还加了一圈披檐形成游廊。从外面看上去有一种层层叠叠的感觉，颇为壮观（见图4-5）。

戏楼内部很高，横向跨度也很大，可以看出其建造技艺十分高超。内部的使用区域共有两层，由搭在东侧观廊的楼梯连接，游廊一直延伸到戏台两侧，有时站在尽端可以瞥见后台的活动。戏台有6米见方，正上方高悬一块匾，写着"湖广会馆"4个大字，后边还有一块匾，写着"霓裳同咏"。戏台两侧有楹联1对，上联写着"魏阙共朝宗，气象万千，宛在洞庭云梦"，下联为"康衢偕舞蹈，宫商一片，依然白雪阳春"。戏台和后台被一面墙隔开，观众面对的右侧门为"下场门"，写着"入相"，而左侧为"上场门",写着"出将"(见图4-6)。湖南籍的朝廷重臣左宗棠也曾为湖广会馆题联"江山万里横天下;杞梓千章贡上都",表达了对湖广地区人才济济的自豪。

图 4-5　戏楼北侧

图 4-6　戏台

从南侧立面来看，北侧的人字形大屋顶恰好盖住观演区，而南侧的人字形小屋顶则恰好盖住戏台和后台区域（见图4-7、图4-8）。如果去掉北侧的大屋顶，戏楼剩余的形制就与其他湖广会馆的戏楼相同了。

戏楼北侧是文昌阁，高两层，以前是作祭祀乡贤之用（见图4-9）。文昌阁前面有一口井，叫作"子午井"，传说与纪晓岚有关（见图4-10）。

图 4-7　南侧屋顶　　　　　　　　　　　　　　　　图 4-8　后台

图 4-9　文昌阁　　　　　　　　　　　　　　　　图 4-10　子午井

湖广会馆戏楼虽然位于平地上，但屋顶层次非常丰富。由于高超的结构技艺，室内空间的高度、跨度都很大（见图4-11）。

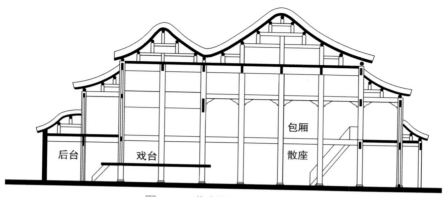

包厢

后台　　戏台　　　　散座

图 4-11　北京湖广会馆剖面图

3. 装饰艺术

戏楼内部柱子刷成绿色，其他的组件则大部分刷成红色，形成了"红绿配"的反差，由于颜色的饱和度较低，所以视觉效果并不算扎眼，同时自然形成一种光怪陆离的空间感受，同本来就演尽世间百态的戏曲艺术形成了绝妙的组合（见图4-12、图4-13）。

图 4-12　北京湖广会馆观众席

图 4-13　内台阶

戏楼的内部在二层观廊顶部和三层顶部使用彩绘平闇进行封顶，遮挡住顶头的结构空间，消除了环境影响，使得观众的注意力能够集中在戏台上。观廊外侧上方的墙面上，还利用西洋透视画法，画了一些以瓷瓶、百宝箱等中式文玩为主题的画来装饰空间，富有情趣（见图4-14、图4-15）。

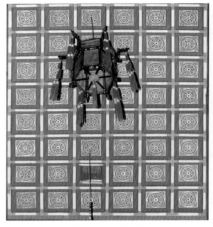
图 4-14　平闇

图 4-15　透视画

北京湖广会馆位于北方，并不以木雕技术见长，不过彩绘技艺比较突出。还有一些细部也带有北方色彩，例如封檐板处的装饰门钉、瓦片滴水嘴以及山墙的墀头（见图4-16至图4-19）。

图 4-16　走廊

图4-17　门钉　　　　　　　图4-18　瓦片滴水嘴　　　　图4-19　墀头

二、北京县籍会馆群

北京地区不仅存有湖广会馆、安徽会馆等大型省籍会馆，还存有大量小型的县籍会馆。明清以来北京一共进行过201科科举考试，已知取中进士51 624人[①]。能中进士者极少，可想而知在北京参加科举考试的举子会有多少人。据推测，每一科考试仅仅考生就有六七千人，这么多考生再加上随从仆人云集京城，对食宿的需求是巨大的。因此北京才会存有大量的县籍会馆。

现存的县籍会馆主要分布在北京宣武门外的西草场、崇文区长巷二条、东半壁街等胡同里，大部分会馆现在作为民居使用。笔者实地探访了部分湖北县籍会馆。

（一）北京麻城会馆

北京麻城会馆位于草场头条24号，为湖北麻城籍人士所修建。

清乾隆年间文人吴长元著有《宸垣识略》一书，现藏于故宫博物院，是一部记载北京史地沿革和名胜古迹的书，相当于北京的旅游攻略。该书第九卷记有"东城会馆之著者……草厂头条胡同曰广州、麻城、金箔"，可推断出麻城会馆至少在乾隆年间就存在。

北京麻城会馆的建设在麻城县志里也有提及，县志记载："京都麻城

---

① 胡春焕，白鹤群. 北京的会馆[M]. 北京：中国经济出版社，1994.

会馆自前明坐落于崇文门外，坐北朝南。正殿计五间，中供奉福主像。"①
文中还提到会馆内院落和房间的数量、方位，以及举子、官员的题名牌，
体现出麻城地区人才济济。

　　现存的麻城会馆已经衰败，从门头和四周的院墙还能看出是典型的北
方四合院结构，但内部由于随意加建已经看不出原有形制。仅从入口处一
对磨蚀严重的抱鼓石以及老式的木门才能大致体会到这座宅子可能有过的
历史（见图4-20至图4-22）。

图 4-20　北京麻城会馆入口　　　　　图 4-21　内部现状

图 4-22　四合院外墙

---

① 郑重修.（民国）麻城县志：前篇[M].武汉：武汉大学出版社，2021.

（二）北京黄安会馆

北京黄安会馆位于新革路1号，由湖北红安人所建。

黄安是红安县的旧称，初设于明代，至今已有400多年历史。黄安会馆是在1542年由一个叫李大夏的麻城人向朝廷提议而修建的。

黄安会馆规模比较小，保存得十分完好（见图4-23），但缺乏县志资料记载。黄安会馆的主要建筑材料是砖石，带有北方建筑的特点。入口处的门头形制很有特色，可以看作一种简化后的山门，它用规则的矩形替代了原来起翘的飞檐（见图4-24）。现存的黄安会馆多处用到砖石拱券结构，整体形制与普通民居存在差异，疑是清末或者民国时期修缮过（见图4-25）。

图4-23　北京黄安会馆四合院外墙（一）

<table>
<tr><td></td><td>（a）</td><td>（b）</td></tr>
</table>

图 4-24 四合院外墙（二）　　　　图 4-25 砖石拱券

（三）北京黄冈会馆

北京黄冈会馆位于草厂二条5号，由湖北黄冈人所建。

黄冈会馆是典型的四合院布局（见图4-26），正门保留较好，进深比较大，约1.5米，由两跨共3排柱子支撑（见图4-27）。大门门楣上的门厅已经脱落，空出插孔（见图4-28）。内部加建改建较多，大殿等已不存在。

图 4-26 北京黄冈会馆正门

图 4-27 正门门楣

（a）

（b）

图 4-28 门厅屋顶

（四）北京孝感会馆

北京孝感会馆位于草厂七条19号，由湖北孝感人所建。

清康熙二年（1663年），孝感人熊赐履升任国子监司业，鉴于故乡孝感人文荟萃，来北京参加会考（院试）的士子众多，却人地生疏，语言及生活多有不便，他于是效法张居正，亲自出面邀请在京津居官的人士会谈，提出捐资购地，兴建孝感会馆，以造福桑梓书生和来京的孝感小本手工业者。

现存的孝感会馆已经完全破败，只剩下入口的门头（见图4-29）。

图 4-29 北京孝感会馆入口

第二节 华中地区的湖广会馆

华中地区的湖广会馆分布总体比较分散，在湖北、湖南、河南等省份都有分布。笔者实地走访了武汉禹稷行宫、大悟宣化店湖北会馆以及蚌埠禹王宫，下文以这三个典型案例来分析华中地区湖广会馆的形制特点。

一、武汉禹稷行宫

和蚌埠禹王宫类似，武汉禹稷行宫位于武汉龟山东侧的禹功矶上（见图4-30），属于全国重点文物保护单位（见图4-31）。据《江夏县志》记载，禹功矶位于大别山（即龟山）东，元世祖登黄鹤楼（即蛇山）时问江对面山头的名字，左右的百姓回答说是唐朝有一个吕姓道人在山上吹笛，因而叫吕公山。元世祖又问众人吕公山在唐朝以前的名字，人群中有一个老头回答说那里是禹王治水成功的地方，经过多次相传，错叫成了吕公。元世祖听了很高兴，于是在吕公矶建造禹庙，吕公矶也就成了禹功矶。龟山、蛇山隔江相望，与蚌埠涂山、荆山的格局相似，同样流传有禹王治水开山的传说（见图4-32）。

图 4-30　禹功矶遗址

图 4-31　全国重点文物保护单位——禹稷行宫

图 4-32　武汉城镇合图中龟山、蛇山的相对关系
（图片来源于《武汉历史地图资料集》）

（一）历史建置

相传禹稷行宫始建于南宋绍兴年间。据清人胡凤丹《大别山志》记载，南宋绍兴年间，禹王庙由司农少卿张体仁督造，距今已有800多年。

到了明朝天启年间，禹王庙中加祀了后稷等先贤。明朝湖广地方官张元芳还写了碑记来记述经过，因此禹王庙更名为禹稷行宫，一直沿用到今天。

禹稷行宫现在的形态则来源于清朝同治年间的重修。20世纪80年代初，禹稷行宫开始破败不堪，进入90年代，武汉市文物局在清朝遗存的基础上，按照"修旧如旧"的原则进行了修缮。

（二）建筑现状

1. 平面布局

禹稷行宫坐北朝南，占地约400平方米，沿中轴线由山门、天井、禹王殿和环绕天井的游廊组成。禹王殿前后侧方设有小门，方便通往毗邻的晴川阁以及禹碑亭。整个禹稷行宫呈矩形，布局规整，依照山势修建，通过台阶来消弭高差（见图4-33）。

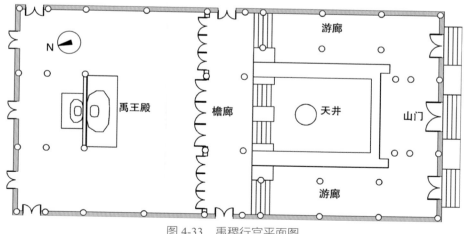

图 4-33　禹稷行宫平面图

2. 空间结构

禹稷行宫入口处山门是三花形式（见图4-34），中间开设有门洞，门洞上方的匾额内刻有黑字，从右到左分别是"锡（赐）范""禹稷行宫"和"陈常"（见图4-34）。山门大面白色，红色装饰柱梁包边，顶上覆盖黑色筒瓦。

进入山门即能看到禹王殿上方一块很大的牌匾，上书"万世蒙泽"4个大字，由现代书法家沙孟海先生所作。禹王殿内部也挂有一块巨匾，写着"德配天地"4个大字。外面廊柱上有书画大师刘海粟先生所题写的楹联：

三过家门，虚度辛壬癸甲；

八年于外，平成河汉江淮。

禹王殿面阔14米，共有三开间，进深12.6米，计4个开间。正脊下方高约7米。禹稷行宫采用硬山顶，架设在抬梁式结构之上（见图4-35），屋脊两端起翘，呈凹形曲线（见图4-36）。禹王殿外侧檐廊的屋顶使用卷棚，与游廊连通围合成方形天井（见图4-37）。

图4-34　禹稷行宫山门

图4-35　禹稷行宫屋架

图4-36　禹稷行宫屋脊

图4-37　禹稷行宫卷棚

禹王殿内供奉着两尊大禹像，分别是成王时期和青年时期的大禹（见前图3-54），二者背靠同一面屏风放置。

禹稷行宫依靠山势而建，虽然平面组成较为简单，但组合得较为巧妙和规整，整体环境也十分幽静（见图4-38）。

图 4-38 禹稷行宫纵剖面

3．装饰艺术

禹稷行宫内部的装饰较为精美，例如天井处的内门（见图4-39），使用木质透雕、外方内圆的落地罩，这属于典型的江南园林式建筑手法，用虚实对比的手段分隔空间，给人一种幽静的感觉。

图 4-39 禹稷行宫内门

　　禹稷行宫的木雕彩绘也十分精美，门梁处的彩绘内容以凤纹为主，体现了楚地的特色，屋脊处的装饰以及斜撑处的木雕也都比较精致。禹王殿东侧还设置有一口钟，可能是仿钟楼的形制（见图4-40至图4-43）。

图 4-40　门梁彩绘

图 4-41　屋脊装饰　　　　图 4-42　斜撑木雕　　图 4-43　大殿外的钟

　　禹稷行宫的装饰中还表达了一种"江汉朝宗"的思想。所谓"江汉朝宗"，出自《尚书·禹贡》"江汉朝宗于海"，即江汉汇流，朝宗归海。后人为纪念大禹治理长江与汉水的功绩，沿用了这一说法，如禹稷行宫周边的朝宗亭和禹碑亭（见图4-44）。禹碑亭内的石碑上刻着77个难以识别的异体字。相传禹王治水成功后在湖南衡山岣嵝峰刻碑纪念，该碑被后人称为"禹碑"，也

图 4-44　禹碑亭

被叫作"岣嵝碑"。禹碑亭这块碑是后人复刻的。由于文字难懂，对其的解读也是众说纷纭，不过大意应当是"大禹通过艰苦努力，克服困难，治理洪水，造福百姓"。

二、大悟宣化店湖北会馆

宣化店湖北会馆，位于湖北省大悟县宣化店镇竹竿河西岸，又称"河西会馆"，由于宣化店是鄂、豫两省边界贸易的中心，来往商人络绎不绝，因此湖北商人、移民在此地修建了湖北会馆，集同乡之力发展商贸，同时缓解乡愁（见图4-45）。

图 4-45　从竹竿河东看湖北会馆

（一）历史建置

宣化店湖北会馆始建于清道光年间，同治九年（1870年），湖北商人与当地豪绅再次共建，用来洽谈商务，故名"湖北会馆"。抗日战争胜利后，为制止内战，周恩来曾与美蒋代表在此谈判，会馆作为中原军区旧址的组成部分，又被称为周恩来与美蒋谈判旧址，2006年被国务院列为第六批全国重点文物保护单位。

（二）建筑现状

1. 平面布局

宣化店湖北会馆坐北朝南，平面为四合院式布局，共三进两天井，占地面积约4 870平方米。其沿中轴线对称布局，十分严整，从南到北依次是戏楼、前院、中正楼、后院、内院与正殿（见图4-46）。

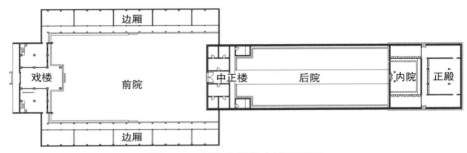

图 4-46　宣化店湖北会馆平面图
（图片来源于湖北省古建筑保护中心）

2. 空间结构

第一进的入口是戏楼，共有3层，面阔5间，进深两间；下层明间为过道，东西两侧各有两间内室；中层明间为舞台，东西两头为演员化妆的后台（见图4-47至图4-49）。

图 4-47　宣化店湖北会馆入口

图 4-48　戏台

图 4-49　前院观廊

　　第二进是中正楼，不过门洞上方的匾额书写着"东正楼"3个大字，从字体比例明显可以看出是后来把"中"字改成繁体"东"字的。该楼面阔5间，楼前有宽阔的前院，四周的观廊可供两千余观众看戏。穿过一个相对狭长的后院，便来到第三进大殿。其面阔5间，七架抬梁式结构，粗梁大柱支撑，气势雄伟。正殿前有一个独立的天井，为主人提供较为私密的环境。后院东西两侧的副轴上原本各有一个院落，现只有东侧存在少量残余，它们共同组成了宣化店湖北会馆整体格局（见图4-50至图4-53）。

图 4-50　东正楼（中正楼）

图 4-51　后院　　　　　　　　　　　图 4-52　正殿

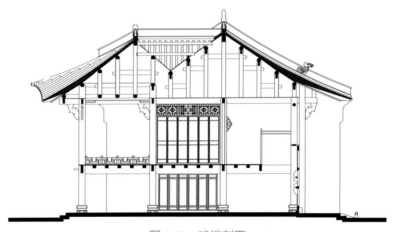

图 4-53　戏楼剖面
（图片来源于湖北省古建筑保护中心）

3. 装饰艺术

戏台台口有大柱两根，雕有狮子玩绣球；戏台上层为清代亭阁式，上檐雕刻有"双凤朝阳""八仙过海""二龙戏珠"，精工巧艺，形象逼真。东西山墙有火焰山，戏楼高大而精致。中正楼安装有直上直下的格扇门，门上分别雕刻有《西游记》、"八仙过海"、《三国演义》中的故事。正殿上方横梁雕有双龙翻游，斗拱交合，结构紧凑，美观别致，独具风格，体现了古老而高超的建筑艺术（见图4-54、图4-55）。

（a）　　　　　　　　（b）

图 4-54　正殿屋架　　　　　　　图 4-55　柱础

三、蚌埠禹王宫

　　蚌埠禹王宫位于怀远县的涂山山顶。涂山位于蚌埠市东海大道西段，距离怀远县城1千米，与荆山隔着淮河相望，其主峰高约338米，是古代涂氏国的所在地。相传大禹在这里遇见涂氏女，娶妻生子。涂山也叫当涂山，据说从前和对面的荆山是连为一体的，后来大禹在此劈山导淮，将它们分成两半，淮河得以向东与泗水、沂水汇合流入大海。实际上，淮河夹在长江与黄河中间，作为中国重要的秦岭—淮河分界线，淮河南北的风光确实有所差异（见图4-56）。

图 4-56　站在涂山顶部遥看对面荆山

（一）历史建置

涂山顶峰的禹王宫也叫禹王庙，属于省级重点文物保护单位，同时也是安徽省道教重点道观。历代游人在此登高游玩，同时凭吊启母以及缅怀禹功。据记载：汉高祖刘邦南征英布经过涂山，下令在山顶建造禹庙，同时还在对面的荆山顶建启王殿。可见蚌埠禹王宫至少有2 000年的历史。

蚌埠禹王宫在康熙年间毁于地震，今已重建。禹王宫内院有多块重修禹王宫的碑刻（见图4-57），刻有"己卯年"以及"乾隆贰十九年岁在甲申嘉平"字样。

图 4-57　重修禹王宫碑记

（二）建筑现状

1. 平面布局

蚌埠禹王宫坐北朝南，占地约3 400平方米。沿南北方向共有3条轴线，共计五进十殿十院。中轴线上的建筑比较完整，依次展开的是山门、厅堂、禹王殿、启母殿、玄武殿以及玉皇殿，其中玉皇殿在玄武殿的二层。每一进之间由院落连接，院落两侧开有小拱门，连通两侧的院落。

东西两侧的轴线上分布的是道教殿堂，其北侧的建筑损毁严重，已经不复存在了，只留下南侧的一两进，因而在轴线末端形成了极为狭长的院落，东侧院落的末端设有后门连通外界。东侧轴线上分布的是伙房以及老君殿，西侧则是居所、吕祖殿和丘祖殿，分别供奉太上老君、吕洞宾以及丘处机这三位道教先师（见图4-58、图4-59）。而已经损毁未能重建的大殿是东侧的慈航殿以及西侧的苍龙阁和碧霞元君殿。整个禹王宫布局比较紧凑，四周由一圈矩形的高墙围合，显得比较严整（见图4-60）。

图 4-58 老君殿 图 4-59 吕祖殿

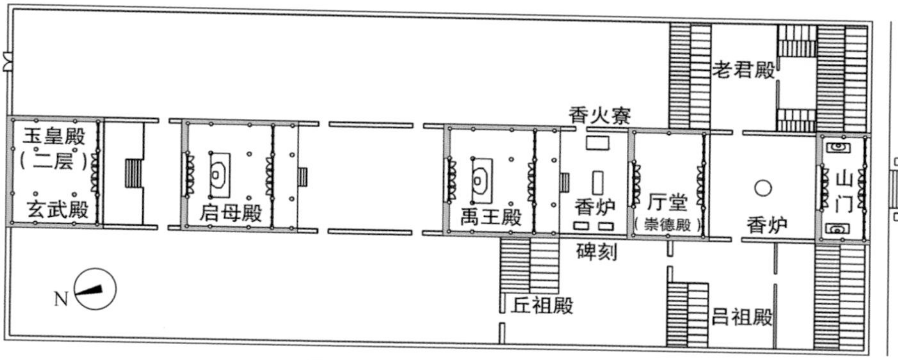

图 4-60 蚌埠禹王宫平面图

2. 空间结构

沿着登山台阶拾级而上，远远就能看到禹王宫的山门（见图4-61）。山门外有一对石狮子，门口向内凹陷，顶上悬挂的匾额镌刻着"禹王宫"3个大字，红色的围墙上覆盖着黄色的琉璃瓦，属于皇家的配色等级，与寺庙的形制相仿。

图 4-61 禹王宫山门

山门朝内双开，进门以后正对的就是中间的轴线，面阔三开间，明间最宽为4.8米，尽间为3.2米。山门后为崇德殿，进深两间，作为厅堂，用来放置祭祀物品（见图4-62）。

图 4-62　崇德殿

第一进院落的围墙上设有小门，通往东西两侧的清静道院（见图4-63）和纯阳道院（见图4-64）。崇德殿后是禹王殿，其面阔三开间，进深四开间，抬梁式结构，正脊处高约7米，正中设有大禹塑像。

图 4-63　清静道院

图 4-64　纯阳道院

禹王殿前有一座香火寮（见图4-65），建于明神宗万历四十二年（1614年），距今已有400多年，其由青砖砌筑而成，上有屋脊，造型简洁、质朴，是禹王宫内最为珍贵的古建筑。启母殿的结构和禹王殿相似，供奉的是大禹的妻子涂山氏（见图4-66）。最后一进是两层高的玄武殿和玉皇殿，由于在维修过程中已经被改造成了现代结构，并且现场无法进入，故不做详述（见图4-67）。

图 4-65　香火寮

图 4-66　启母殿

图 4-67　玉皇殿与玄武殿侧面

东侧轴线北部是一处狭长的院落，现已被改造成后花园，种植有树木，并放置着许多石碑，石碑前设有鱼池，供观赏和救火之用。

整个蚌埠禹王宫顺应地势而建，每一进院落的标高都有高低变化，用台阶相连，富有层次感，其纵剖面如图4-68所示。

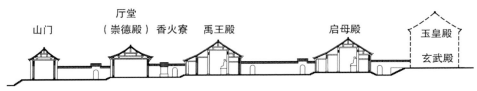

图 4-68　涂山禹王宫纵剖面

3. 装饰艺术

蚌埠禹王宫的整体风格比较朴素，几乎没有彩绘、壁画等装饰。因为屡次毁坏重修的缘故，只有平面形制得以保留，屋架结构与围合的山墙都未能保留原始材质，新修的石墙材质与形式同其整体风格不大协调。正殿梁架以抬梁式为主，同样未施加彩绘、木雕等装饰（见图4-69），山墙墀头部分得以保留，可以看出以前的材质（见图4-70），斜撑是波浪形，与一般民居形式无异（见图4-71）。

图 4-69　禹王宫梁架

图 4-70　禹王宫墀头

图 4-71　禹王宫斜撑

第三节　西南地区的湖广会馆

　　在西南地区，湖广会馆集中分布在四川、重庆地区，云南、贵州等省份也有少量分布。笔者实地走访了重庆湖广会馆禹王宫、重庆湖广会馆齐安公所、潼南双江古镇禹王宫、贵州石阡禹王宫、巴南丰盛镇禹王宫，下文以这五个典型案例来分析西南地区湖广会馆的形制特点。

一、重庆湖广会馆禹王宫

　　鼎盛时期的重庆城有"八省会馆"的说法，集中分布于重庆下半城，即今天的渝中区东水门长江边，这里历史文化积淀深厚，也被称为重庆的母城。八省会馆包括湖广会馆、广东公所（会馆）、江西会馆、天后宫（福建会馆）、陕西会馆、江南公所（会馆）、浙江会馆等多个省份的移民会馆（见图4-72）。

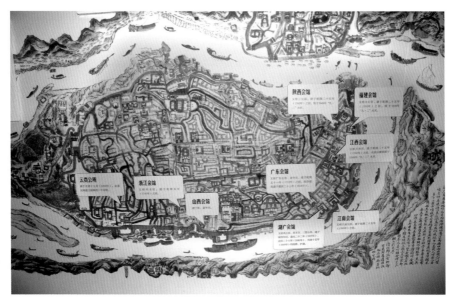

图 4-72　重庆八省会馆

（摄于重庆湖广会馆展厅）

　　重庆湖广会馆建筑群是八省会馆中的翘楚，也是全国已知城市中最大的古会馆建筑群，其占地面积达到18 000平方米。现今的湖广会馆包括了禹王宫、齐安公所以及广东公所（见图4-73）。这里的湖广会馆建筑群是三个会馆建筑的合称，并不代表广东公所可以划入湖广会馆，因为禹王宫的规模最大，所以以禹王宫的别称湖广会馆来命名的整个建筑群。

　　而过去的重庆湖广会馆形制与现在的略有不同，从出自清末（19世纪中后期）的《渝城图》中可以看出那时的湖广会馆包括禹王宫、湖南公所、黄州公所与广东公所，直达东水门码头，地理位置十分优越（见图4-74）。

图 4-73　湖广会馆建筑群

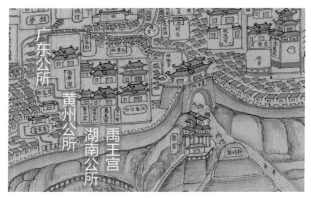

图 4-74　清末时期的湖广会馆
（改绘自《渝城图》，此图现收藏于法国国家图书馆）

（一）历史建置

重庆湖广会馆建筑群禹王宫，又名禹王庙、三楚宫，即湖广会馆。据清乾隆《巴县志·坛庙》记载："禹王庙建于清乾隆十五年（1750年）。"在道光二十六年（1846年）经历过一次重修。后来在20世纪80年代中期，重庆市在开展第二次文物普查时发现了破败的湖广会馆建筑群。在道光二十六年遗存的建筑基础上，湖广会馆于2004年11月开始了修复工程，2005年完工，也就是现在看到的禹王宫。

（二）建筑现状

1. 平面布局

现存的禹王宫由105号仓库和太华巷7号两个片区组成，面积计8 500平方米，整体面对长江，坐西北朝东南。建筑群依山就势，上下有十余米高差，极富层次感，规模宏大。105号仓库段按中轴线布局，依次分布着拜殿、禹王殿、戏台、正殿。戏台与前后两个殿之间各设有一个天井来缓冲。在轴线的两侧是交通空间，用多段台阶来消解巨大的高差，与天井空间共同组织水平与垂直的交通（见图4-75）。

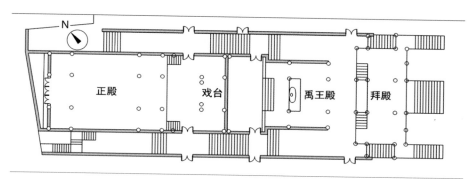

图4-75　禹王宫105号仓库平面图

在105号仓库西侧一巷之隔的就是太华巷7号（见图4-76），它由两座相邻的院落组成，形成了两组平行的建筑，共用一堵山墙。两侧院落各自沿中轴布局，西侧院落沿轴线依次分布着前殿、院与后殿，东侧院落则依次分布着前殿、戏楼、天井与后殿。太华巷7号与105号仓库的建筑风格存在一定的差异，结合古地图，笔者认为太华巷7号就是《渝城图》中所记载的湖南会馆遗存，因此后文主要介绍105号仓库。

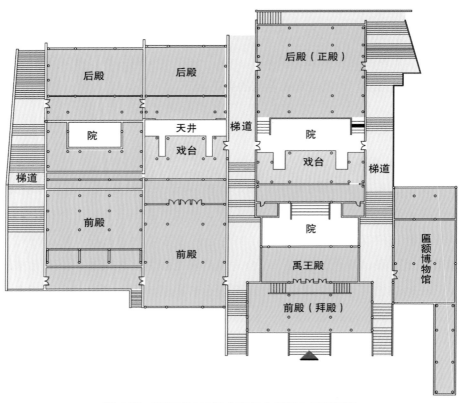

图 4-76　禹王宫 105 号仓库与太华巷 7 号平面图

2. 空间与结构

禹王宫的入口为牌楼，一共六柱五开间，明间最宽约为5.8米，明间额枋设有匾额，上书"禹王宫"3个大字，次间和尽间略小，各为3.2米，屋顶为三重檐歇山形式，翼角高昂。檐下设有4层斗拱，昂与脚梁雕成龙头形状，昂处龙头朝着长江，寓意为大龙锁江。整个牌楼使用楚地传统配色，即以黑红两色为主，在龙头等处施以金色点睛（见图4-77）。

图 4-77　禹王宫牌楼

　　穿过牌楼后来到拜殿，拜殿面阔5间，进深3间。通过拜殿两侧或中间的台阶就能到达禹王殿，同样面阔5间，进深3间，两殿屋顶穿插结合在一起，禹王殿正中设置大禹塑像（见前图3-54）。

　　禹王殿与戏台之间的天井并不直接与两者连通，而是需要经过两侧台阶，向内通过拱门才能到达。顺坡而上，向内通过另一组拱形石券门就到了禹王宫戏台和正殿。因地形限制，戏台到正殿距离仅有3.3米，因此正殿设置了院坝来保证水平间距，在解决用地局促问题的同时还能获得良好的视角（见图4-78）。同样受到限制的还有戏台规模，由于小戏台面阔仅有6.8米，因此必须通过减柱造来消除戏台柱子遮挡（见图4-79）。戏台额枋雕刻的是八仙图案，下方是十八罗汉，左右两边小的雕版是戏曲故事。值得一提的是，牌楼前端新修有一座大戏台，形制与整体比较协调，可能是为了补齐轴线，因为在传统的会馆形制中戏楼都是位于轴线前端，不过原处在过去是否存在戏楼还需要再考证（见图4-80、图4-81）。

图 4-78　禹王殿院坝

图 4-79　禹王殿小戏台减柱造

图 4-80　禹王殿小戏台

图 4-81　禹王宫新增戏台

禹王宫正殿三开间，进深五间，为抬梁穿斗混合结构，净高达到10.65米，是湖广会馆建筑群里最高的一处大殿（见图4-82）。正厅梁、柱均选用优质大柏木建造，据说主要木材当年都是从湖北运过来的，立柱直径约为50厘米，历经150多年仍完好无损。

通过正殿南侧的拱门即来到105号仓库与太华巷7号之间的巷道。狭长的梯道与两侧高耸的山墙对比强烈，同时由于山墙配色的对比，在黄昏的天色里呈现出一种奇异的宁静感（见图4-83）。巷道对侧山墙上设有一拱门，门上石匾阴刻"奎璧之府"四字（见图4-84）。"奎"是二十八星宿名，主文运，"璧"指美玉，"奎璧之府"即是对会馆的赞美之词。进入石拱门即来到太华巷7号东侧组团。

图 4-82　禹王宫正殿　　　　图 4-83　巷道　图 4-84　奎壁之府

禹王宫依山就势，分层筑台，具有丰富的空间层次，顺应地形的梯道与两侧山墙上所开设的门洞组成了整体的交通流线，打破了建筑轴线与交通流线重合的规制。起伏而高耸的山墙进一步强化了建筑整体的层次，与自然山体融合为一，是山地建筑的典范，对今天的山地建筑设计也有参考作用（见图4-85）。

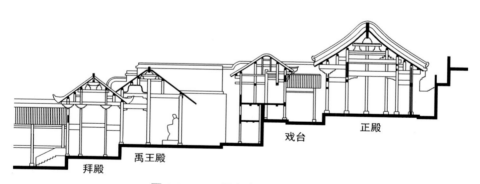

拜殿　　　禹王殿　　　戏台　　　正殿

图 4-85　105 号仓库禹王宫纵剖面

3．装饰艺术

禹王宫整个建筑群以红黑色调为主，造型古朴但装饰精美。例如拜殿处的抬梁结构，既架起了南侧的牌楼，又与北侧禹王殿屋顶搭接，显得十分高耸，给人一种震撼的感觉（见图4-86）。

图 4-86　拜殿处梁架结构

　　禹王宫的斗拱十分惊艳，一种是用于屋檐下起装饰作用的小型龙头斗拱（见图4-87），另一种是梁上起支撑作用的大型八瓣斗拱（见图4-88）。

　　禹王宫的木雕砖雕艺术同样十分出色。禹王殿屋顶戗脊处设有凤鸟装饰的雕塑，戏楼屋顶垂脊处的砖雕也十分精美。至于戏台的匾额、屋顶的斜撑以及穿枋等处都留下了精美的木雕，以浮雕为主。整个建筑群雕梁画栋，可谓是"高低俯瞰皆成画，前后顾盼景自移"（见图4-89至图4-93）。

图 4-87　龙头斗拱

图 4-88　八瓣斗拱

图 4-89　凤鸟装饰

图 4-90　匾额木雕

图 4-92　砖雕

图 4-91　斜撑木雕

图 4-93　穿枋木雕

二、重庆湖广会馆齐安公所

　　齐安公所毗邻禹王宫西侧，即黄州会馆或帝主宫，是湖北黄州府商人在外地修建的会馆。重庆的齐安公所既是本地黄州府籍人士的同乡会馆，又是棉花帮的行业会所。

（一）历史建置

　　齐安公所正殿脊槫上刻有"嘉庆丁丑岁孟春月旦立，光绪己丑岁黄州阖府重建"，说明黄州会馆始建于清嘉庆二十二年（1817年），在光绪十五年（1889年）重建。"齐安公所"这个名字与黄州的历史相关。黄州在隋唐时期被称为永安郡或齐安郡，其作为永安郡存在13年，齐安郡则是17年，其余大部分时间都被称为黄州府。可能是出于对家乡古老历史的推崇，黄州人在此修建的会馆后命名为"齐安公所"。

（二）建筑现状

1. 平面布局

齐安公所保存得较为完好，建筑群主体部分按照中轴线依山势排列，依次是戏台、看厅、过厅以及正殿。两侧还分布有若干院落。主体建筑群为两进合院，戏台部分呈现"凸"字形，正殿部分呈"凹"字形，正好相互呼应。在会馆的常规形制中，人一般是从前端戏台底部进入，沿着轴线依次经过每一进院落，齐安公所的山门则位于东侧山墙，这可能是由于场地的限制，也有可能是朝向黄州的方向取望乡之意（见图4-94）。

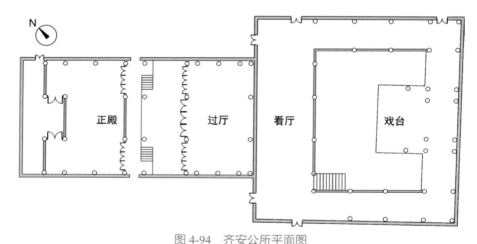

图 4-94　齐安公所平面图

2. 空间结构

齐安公所的山门即主入口位于东面山墙（见图4-95）。石制门头上有二龙戏珠图案的浮雕以及以花叶为主题的圆雕，十分精美。山门的匾上，阴刻着"齐安公所"四个遒劲有力的大字，山门顶上正中设有宝瓶形装饰。进山门后来到戏台与看厅之间的院子，院落空间比较紧凑，凸出的小戏台被观廊与看厅包围，十分适合私密场合的观戏体验。戏台、耳房与看厅屋顶的飞檐高高翘起，相互簇拥，可谓是"各抱地势，钩心斗角"（见图4-96）。

看厅位于2.2米高的石台上，石台边缘设有栏杆，栏杆上立有石象、石狮等雕刻，形态惟妙惟肖。通过看厅到达过厅，过厅面阔三间，使用抬梁混合穿斗式结构。沿过厅两侧台阶可以抵达正殿，正殿与过厅同宽，面阔三间，当中供奉神像。在中轴线北侧有一个四面围合的小天井，尺度如同民居中的小天井，在其他湖广会馆中是比较少见的（见图4-97）。齐安公所周围被高墙围合，曲线形态的墙面动感十足，三段逐渐缩小的弧线直指长江，整体造型很有气势（见图4-98）。

图 4-95　齐安公所山门

（a）　　　　　　　　　　　　　　　　（b）

（c）

图 4-96　屋顶钩心斗角

图 4-97　小天井

图 4-98　龙形山墙

齐安公所空间层次丰富，同禹王宫一样充分利用地形，形成独特的空间体验（见图4-99）。

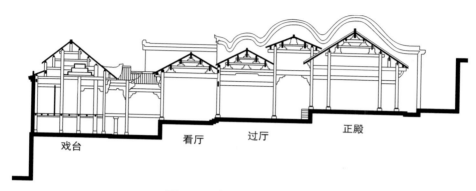

图 4-99　齐安公所纵剖面图

3. 装饰艺术

较之禹王宫的大气，齐安公所的装饰显得十分精巧，其中以木雕和脊饰最有特色。几乎所有的撑拱、额枋、门楣等木构件，都施以精致的木雕。戏楼下额枋左右两幅雕工精湛的深浮雕是湖广会馆木雕的绝佳之作。左边的主题是重庆本地山水风情，右边的主题则是杜牧的七绝《清明》，画面生动地展示了"清明时节雨纷纷，路上行人欲断魂"的场景（见图4-100）。

（a）重庆本地风光图　　　　　　（b）清明图

图 4-100　齐安公所木雕

（图片来源于何智亚：《重庆湖广会馆历史与修复研究》，重庆出版社2006年版）

　　会馆的圆雕技术也十分出色，例如前面提到的石象、石狮（见图4-101）；另外，戏楼屋檐角梁上还雕有一只神采奕奕、展翅欲飞的凤凰（见图4-102）。通过尊崇代表楚人的凤凰图腾体现了湖广移民对家乡的思念。齐安公所的瓷贴手法也十分出众，在戏楼、厢房、看厅正脊、博风板等多处地方贴有瓷片，风格华丽，形式多样（见图4-103）。

图 4-101　齐安公所石象与石狮　　　图 4-102　凤形木雕

（a）　　　　　　　　　　　（b）

图 4-103　瓷贴装饰

三、潼南双江古镇禹王宫

潼南双江古镇禹王宫位于双江北街42号，坐西面东，毗邻关帝庙和张飞庙。

双江古镇（见图4-104）位于涪江河畔，创建于清初，已有300多年悠久历史。1995年评为四川省历史文化名镇，2003年被评为中国首批十大历史文化名镇，其历史文化厚重，自然风光旖旎，人文景观丰富，令人流连忘返。

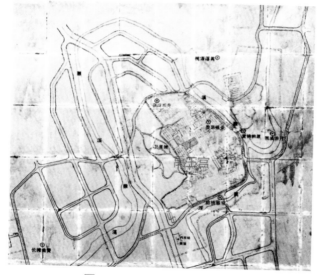

图4-104 双江古镇总平面图

（一）历史建置

双江禹王宫始建于清初，在双江老街的古建筑群里，是保存得最完好的，而且也是最为宏伟的古建筑。

双江古镇是杨尚昆同志的故里。在1917年的护法运动中，杨尚昆的堂兄杨尚荃在这里发动起义，成立了"四川靖国军川北司令部"，总部就设置在禹王宫。1927年，随着新学运动的兴起，杨尚昆的父亲从重庆返回，以禹王宫为基地，办起了"潼南县立第十六小学"。

（二）建筑现状

1．平面布局

双江禹王宫占地面积约为12 000平方米，其中建筑面积达2 500平方米（见图4-105）。建筑群拥有正交的两条轴线，以东西方向的为主轴线。沿着主轴线从东到西依次分布着山门、戏楼、院落、拜殿和正殿。正殿两侧是厢房，拜殿两侧是

图4-105　双江禹王宫鸟瞰图

厅堂，院落两侧是观廊。在正殿和拜殿的南侧，沿着副轴线方向挤出了一个组团，它由一圈厢房环绕内院组成（见图4-106）。

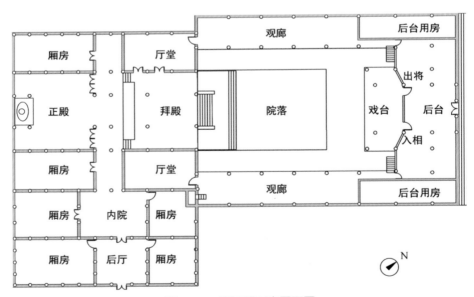

图4-106　双江禹王宫平面图

2．空间结构

禹王宫山门呈现四柱三开间的三花式格局，为了便于管理只在正中设

置了门洞（见图4-107）。山门上布满了精致的砖雕，门洞两侧写有一副楹联，上联"无私无畏，治水注甘泽，万顷洪波归四海"，下联"大德大仁，劈山济群黎，一生伟业定九州"，恰到好处地概括了大禹的生平，同时也表达了建造该会馆的湖广移民对大禹的崇敬之情。

图 4-107　双江禹王宫山门

通过戏楼下方的低矮通道可以来到院子内部（见图4-108），首先看到的是戏楼（见图4-109）。戏楼使用的是歇山顶，采用抬梁式屋架结构。背对观众的外檐与半坡屋顶交叠在一起。戏台共有8根柱子，倾斜布置，目的是在受限制的场地内划分出更大的使用面积。戏台前方的院落上设置了月台，可以获得更好的观演视线，类似现代体育场馆的阶梯座位，十分巧妙。同时，多级台阶的设置还能增强后方拜殿的崇高感，可谓一举两得。

图 4-108　低矮通道

图 4-109　戏楼

　　拜殿和后面的正殿都是面阔10米，三开间，两侧都额外增设了一开间的厢房，东边厢房的东侧又延伸出一个院落（见图4-110）。正殿设置禹王塑像（见图4-111）。拜殿和正殿之间也存在不小的高差，阶梯就设置在天井下方（见图4-112）。拜殿和正殿的屋架结构比较独特，檐下使用抬梁式，内侧则使用抬担式。在抬担式结构中，采用了蝴蝶形的托板，每一层交错放置，到了顶层则改换成祥云状，非常有意思（见图4-113）。

图 4-110　东侧院落

图 4-111　正殿

图 4-112　正殿与拜殿之间天井　　　　　　　图 4-113　拜殿屋架

从整体上来看，双江禹王宫所在地基应该是较为平坦的，出于对观演视线的考量，人为制造出高差，形成了一种层层叠叠的感觉（见图4-114）。

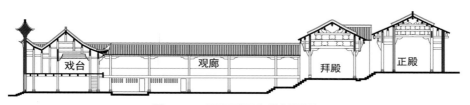

图 4-114　双江禹王宫纵剖面图

3. 装饰艺术

双江禹王宫的装饰非常精致，在戏楼屋顶的戗脊上，不同于传统寺庙惯例设置跑兽，这里却是二龙戏珠的雕像，这也反映出会馆不属于官式建筑的特点。在翼脚下方还设置有精雕细琢过的斜撑，戏台正上方的梁上也布满了精致的花纹（见图4-115）。除了出色的木雕，禹王宫内的砖雕也十分精致，主要使用植物为母题，在柱础与山门上都有体现（见图4-116至图4-118）。

图 4-115　斜撑处木雕

图 4-116　正殿柱础

图 4-117　拜殿柱础

图 4-118　山门处砖雕

　　值得一提的是拜殿里独特的地面。地面由45度角排列的方砖拼成，每块方砖向上凸出，如同围棋子铺满棋盘一般，每块砖上面还有细碎的花纹，酷似南宋画家马远的《水图·洞庭风细》。笔者未能查到这种做法的原因，猜测这可能是为了模拟江面起浪的场景，反映了湖广移民当年沿江入川的辛苦，同时也表达了对禹王治水的感激之情（见图4-119、图4-120）。

图 4-119　马远《水图·洞庭风细》　　　　图 4-120　拜殿地表肌理

四、石阡禹王宫

石阡禹王宫又称湖广会馆，位于今汤山镇长征路北端，坐北面南。东侧为万寿宫，与其隔街相邻，间距10米。

（一）历史建置

石阡禹王宫由知府林大经于明万历十五年（1587年）始建，称为"水府阁"，清顺治十四年（1657年）被毁，后来又由知府黄良佐在康熙五十五年（1716年）重建。后续的维修增建工程在清康熙五十五年（1716年）、乾隆四十五年（1780年）以及嘉庆二十年（1815年）相继进行。及至1984年，石阡禹王宫被列为市级重点文物保护单位。

（二）建筑现状

1．平面布局

石阡禹王宫坐北朝南，建筑沿南北轴线对称分布，占地面积1 540平方米，建筑面积1 428平方米。从南到北依次是山门、戏台、院落、拜殿和正殿。其中院落两侧分布着观廊，拜殿与正殿两侧则是厢房。建筑四周被砖砌高墙围合（见图4-121）。

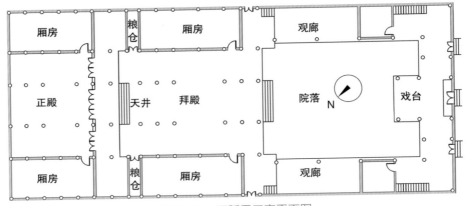

图 4-121　石阡禹王宫平面图

2. 空间结构

石阡禹王宫山门坐北向南，砖石材质，为四柱三间三层二重檐牌楼式，通高10米，造型独特，气势宏伟（见图4-122）。正中间设置一处石库门（见图4-123），宽1.8米，高3.4米。正面围墙的两侧对称地各开设一个小门，门上设有牌匾，从右到左分别写着"天成"和"地平"。山门上还写有两副楹联。分别是：

来格来档，洪水永绝寰宇；

有典有则，寸阴常诲世人。

橇檩桸桴，想当年梮沐辛勤千古膜拜神禹；

江淮河汉，看今日豆俎馨香普天虔礼圣王。

同样表达了对禹王的崇敬之情，文字十分有气势。

正殿面阔5间，通面阔21.4米，进深6间，通进深11.2米，屋顶为硬山青瓦顶，由抬梁穿斗混合结构支撑。拜殿面阔5间，通面阔21.4米，进深5间，通进深11.2米，屋顶形制与正殿相同（见图4-124）。从剖面看拜殿外侧的山墙呈三角形，而正殿外侧的山墙呈弧形（见图4-125）。

正殿与拜殿之间还设有一个小房间，里面放置着类似粮仓的器具，据记载，这是因为在特殊时期，石阡禹王宫曾被用作粮库（见图4-126）。

图 4-122　石阡禹王宫山门

图 4-123　门洞

图 4-124　拜殿

图 4-125　山墙

图 4-126　粮仓

禹王宫所处场地有较小的高差变化，因此各大殿位置也顺应地形做了一定的调整（见图4-127）。

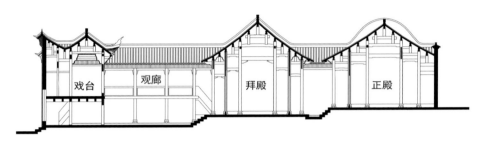

图 4-127　石阡禹王宫纵剖面图

3. 装饰艺术

石阡禹王宫最亮眼的装饰艺术是其砖雕与木雕，地面的铺地用石也极富质感。大门门楣处有寿星居中带领八仙的石雕，非常精致。门头的三层石质斗拱也很有气势。两侧正面墙上则有砖雕人物、动物图案（见图4-128、图4-129）。

图 4-128　寿星八仙图

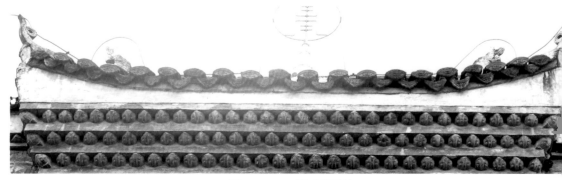

图 4-129　石质斗拱装饰

戏楼二层中部竖向楷书阴刻"禹王宫"三字，两侧为砖雕"龙柱"图。藻井经过重修，大致复原了之前的模样，檐下采用四层花蕊头斗拱层层出挑。石阡禹王宫内具有一定年头的木头构件很多，给人一种古朴的感觉（见图4-130至图4-132）。

图 4-130 戏台

图 4-131 花蕊头斗拱

图 4-132 藻井

　　拜殿和正殿的梁架结构也十分古朴。柱身经过岁月的风化，颜色较深，柱础虽然磨蚀得厉害，但仍然能看出上面的图案（见图4-133至图4-136）。

图 4-133 拜殿梁架

图 4-134 正殿梁架

图 4-135 观廊柱础

图 4-136 拜殿柱础

　　值得一提的是在戏台护板上的木雕里，有一幅讲述的是汉朝将领李陵与匈奴人作战的故事，常言道"唐三千，宋八百，演不完的是三国"，以西汉故事为题材的木雕却不多。据《汉书·李陵传》记载："陵叩头自请曰：'臣所将屯边者，皆荆楚勇士奇材剑客也……'"李陵的部下都来自荆楚大地，他们以5 000人对抗8万匈奴人，虽然打出了很高的战损比，但不得不投降，最终客死他乡。可见这些木雕题材的选择多少反映了建设禹王宫的湖广移民心中的思乡之情（见图4-137）。

图 4-137　李陵主题木雕

五、巴南丰盛镇禹王宫

　　巴南丰盛镇禹王宫位于福寿街上，丰盛古镇在重庆市巴南区东部，是国家级历史文化名镇。丰盛镇肇始于宋代，因为频繁的商贸活动而逐渐发达，有着"长江第一旱码头"的称呼。丰盛古镇背山而面水，气候宜人，十分适合居住（见图4-138、图4-139）。

图 4-138　丰盛镇风貌

图 4-139　丰盛镇禹王宫位置

（一）历史建置

丰盛镇禹王宫坐北朝南。在修建之初，每一块砖上都刻有"禹王宫"的铭文。根据大殿内脊槫上所写"咸丰七年修"的字样，推测该禹王宫的建设时间不晚于1857年。

（二）建筑现状

1.　平面布局

丰盛镇禹王宫平面布局沿着南北方向的轴线对称展开，原本的大门是开在了南侧一山门上的，后来主入口改在了西侧山墙的侧门，通过观察现场，笔者认为这可能是因为古镇的建设需求，导致原山门前的空地被封堵住了。沿着南北轴线，依次分布着山门、戏楼、院落和正殿（见图4-140）。

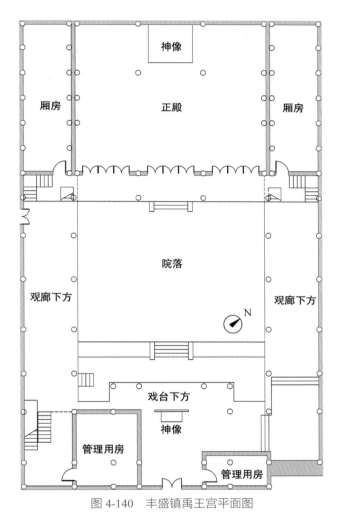

图 4-140　丰盛镇禹王宫平面图

2．空间结构

从现今西侧山墙的小门（见图4-141）进门后，南侧是戏台（见图4-142）。戏台为歇山顶，抬梁式结构。由于戏台所处地面比院落的标高降了很多，所以站在院子里就能获得良好的观戏视线。戏台的屏风上画着一只凤鸟，正是楚文化的象征（见图4-143）。

图 4-141　西侧入口

图 4-142　戏台

图 4-143　凤鸟图案

　　禹王殿面阔15米，计有三开间，两侧各增设一开间的厢房（见图4-144）。进深达11.7米，计有三开间。硬山屋顶，屋架结构为抬担式结合穿斗式。在正殿的屋架里，使用了宝瓶形状的托板，十分独特（见图4-145）。正殿两侧的山墙形式为五花山墙（见图4-146）。

图 4-144　禹王殿

图 4-145　宝瓶撑

图 4-146　五花山墙

　　丰盛镇禹王宫的观廊形式比较独特，一共分为五进，呈中轴对称，有主次之分，中间的最宽，两端最窄，而其他禹王宫的观廊一般是均分的。从剖面来看，丰盛镇禹王宫内拥有众多形态不一的楼梯，形成了比较丰富的立体交通，从这点来看，它的观廊很受重视，因而才会如此独特（见图4-147、图4-148）。

图 4-147　观廊

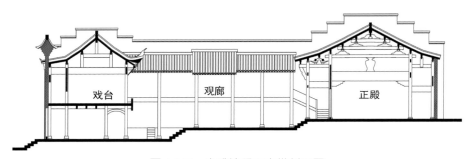

图 4-148　丰盛镇禹王宫纵剖面图

3. 装饰艺术

丰盛镇禹王宫最耀眼的装饰艺术当属这里的雕刻。它们大多采用圆雕或者透雕的手法，制作工艺难度较大，雕塑中的人物都栩栩如生，跃然"板"上。在戏楼的封护板、斜撑、梁枋等处都有木雕装饰，十分精美（见图4-149）。

另外，院内多处可见倒立的貔貅，据说其有驱邪避灾、四方来财之意（见图4-150）。

（a）　　　　　　　　　　　　　　　　　（c）

（b）

图 4-149　丰盛镇禹王宫木雕

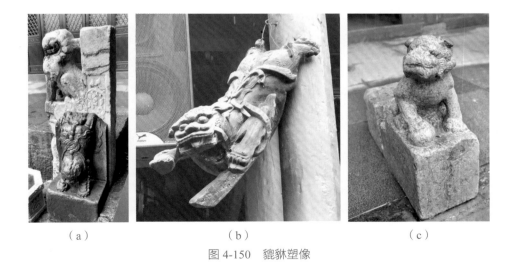

（a）　　　　　　　　　（b）　　　　　　　　　（c）

图 4-150　貔貅塑像

第五章
湖广会馆的
传承演变

通过第三、四章对禹王宫、湖广会馆基本建筑形态的综述以及详尽的案例分析，可以发现禹王宫、湖广会馆在空间序列与建筑造型存在着一定的共性，反映出二者有一定的传承与演变关系。借助第一、二章对禹文化与移民活动的研究，可以从移民文化的角度来解释这种传承演变关系。

第一节　禹王宫、湖广会馆的比较

一、禹王宫、湖广会馆的空间序列演化分析

禹王宫、湖广会馆的空间序列指的是建筑群中的重要单体建筑的排列顺序，通常包括山门、戏楼、拜殿、正殿、后殿这些元素。以蚌埠禹王宫为例，用不同的符号区分单体建筑元素，再用箭头标示轴线的前后关系，就得到了蚌埠禹王宫的空间序列示意图（见图5-1）。

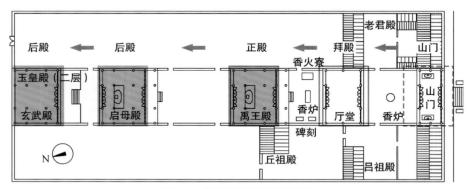

图 5-1　蚌埠禹王宫空间序列

按照同样的程序对笔者调研过的其他12所禹王宫、湖广会馆进行处理，一共整理出6种基本序列，并标记了每种序列的会馆数量（见图5-2）。

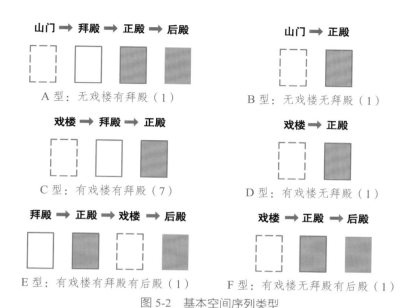

图 5-2　基本空间序列类型

可以发现，按戏楼—拜殿（看厅）—正殿顺序排列的C型是禹王宫、湖广会馆中最普遍的空间序列。第三章里论述了湖广会馆最基本的功能是迎神灵和笃乡情，代表了精神生活和世俗生活，对应的空间元素分别是拜殿、正殿与戏楼、后殿。

在此进行一项粗略的数据处理，把拜殿、正殿对应的精神生活用"酬神"代替，把戏楼、后殿对应的世俗生活用"娱人"代替，这四种空间元素都有对应的"酬神数值"或"娱人数值"，例如戏楼的娱人效果最佳，娱人值应设为3。如果戏楼像E型那样位于正殿的后位，也就是说戏曲演出越过正殿而忽略了神灵，那么戏楼此时的娱人值还要更高，设为5。后殿是日常生活的地方，娱人值要低于戏楼，设为0.5。同样地，拜殿可以增强祭祀的礼仪，其酬神值设为2，相当于具有−2的娱人值。由于A至F六种序列都具有正殿，因此不用额外设置正殿的数值。将最普遍的C型序列的序列值定为0，可以推算出6种序列的值如下：

A：−1.5	B：−1	C：0	D：1	E：3.5	F：1.5

因此可以得到这十二所禹王宫、湖广会馆的序列值表（见表5-1）。

表 5-1　禹王宫、湖广会馆序列值表

名称	代号	序列成型时间	序列型号	序列值
蚌埠禹王宫	P1	前 196—1662 年	A	−1.5
武汉禹稷行宫	P2	1131—1627 年	B	−1
双江禹王宫	P3	1700 年	C	0
石阡禹王宫	P4	1716—1780 年	C	0
龙兴禹王宫	P5	1759—1804 年	C	0
重庆禹王宫	P6	1761—1862 年	E	3.5
北京湖广会馆	P7	1830 年	F	1.5
李庄禹王宫	P8	1831 年	C	0
丰盛镇禹王宫	P9	1857 年	D	1
旬阳黄州会馆	P10	1847—1873 年	C	0
宣化店湖北会馆	P11	1821—1870 年	C	0
重庆齐安公所	P12	1817—1889 年	C	0

通过这个数值表，可以得到禹王宫、湖广会馆的成型时期与倾向世俗生活程度关系的折线图（见图5-3）。

受限于样本数量和质量，笔者这种处理不算特别精确与严谨，但还是反映出了一些现象，即在这十二所会馆中，最重视祭拜神灵的是蚌埠禹王宫以及武汉禹稷行宫，最看重世俗生活的是重庆禹王宫。总体来说，随着时间的推移，晚清之前的禹王宫、湖广会馆对神灵祭拜的重视程度在逐渐弱化。

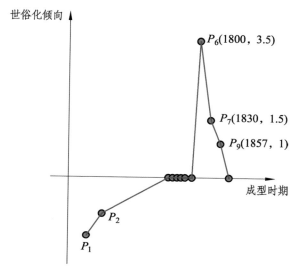

图 5-3　禹王宫、湖广会馆成型时期与倾向世俗程度的关系

　　从移民文化的角度可以解释这种序列演变的现象。明朝以前的移民以生存移民为主，他们以对大禹的共同信仰为纽带，在移民地修建禹王宫（庙），生存的需求是优先考虑的，共同的信仰产生的凝聚力使得移民能够共克时艰。而看戏等娱乐活动不在考虑范围内，因此这一时期的禹王宫（庙）一般没有戏楼。另外，早期的禹王宫（庙）属于新生事物，会参考相近形制的公共建筑序列，也就是佛寺，典型的案例就是蚌埠禹王宫，它从宏观层面的选址到中观层面的形制再到微观层面的配色，与一般的寺观建筑无异。

　　明清时期的移民以生活移民为主，相比生存移民，他们有余力考虑生存以外的东西，发展的需求是此时优先考虑的，因此看戏等娱乐活动的重要性日渐提升。首先是将戏台放在拜殿前序空间，神灵与民众共同观看，兼具酬神与娱人功能；戏楼的规模随着时间逐渐扩大，显示出娱乐行为在移民中的影响逐渐增强；随着时间的推移，个别案例中的戏楼甚至跳过了祭拜空间，被设置在正殿的后位，专为娱人，例如重庆禹王宫的小戏楼。戏楼规模的扩大与地位的提升同明清湖广移民的大量迁移、移民社会的发展有很大的关系，这一时期也是典型的湖广会馆修建的井喷期。随着移民运动的不断发展，移民规模不断扩大，移民的来源日渐多远，湖广会馆与不同省籍会馆的竞争也越来越激烈，会馆在日常事务中的作用越来越大。不同于生活移民利用的是大禹信仰的共同性，此时的湖广会馆大多利用禹文化来体现差异性以示区分，标榜自己的身份，因此对神灵的信仰虽然还存在，但在逐渐弱化且世俗化。

综上，禹王宫、湖广会馆建筑序列空间的演变表明移民社会的演化对湖广会馆形制演变的影响，包括移民活动在内的社会进程是禹王宫、湖广会馆发展与变化的外在动力。

二、禹王宫、湖广会馆的造型演化分析

上一节主要探讨了移民活动在时间上的累积对会馆形制产生的影响，并未过多地考虑地理因素，下文将论述移民活动在地理空间上的差异对会馆造型的影响。

（一）原乡因素

原乡因素指的是会馆造型的存在原型，即事物从本地发展到外地的过程中存在不变的元素。

湖广移民长途跋涉，客居异地，他们心中对故土的眷恋是挥之不去的，因此他们将记忆中的故乡元素融入会馆建筑中，使得湖广会馆的建筑造型带上了明显的湖广标识。

以黄州会馆为例，其源于湖北黄麻一带的帝主信仰。北宋时期在麻城五脑山修建的麻城帝主庙可以说是后来外地众多黄州会馆甚至湖广会馆的原型。对比麻城帝主庙与旬阳黄州会馆、金堂土桥禹王宫等湖广会馆的山门，可以发现原乡文化的清晰印迹。山门作为整个建筑群的门面，是原乡文化最为浓厚的标识（见图5-4）。

（a）黄龙黄州会馆　　　　　（b）樊城黄州会馆　　　　　（c）重庆齐安公所

（d）麻城帝主庙　　　　　（e）旬阳黄州会馆　　　　　（f）金堂土桥禹王宫

图5-4　不同湖广会馆的山门造型对比

　　原乡的痕迹在封火山墙的造型上也有所体现，麻城帝主庙的山墙造型
以雕刻龙的形式呈现，其山脊处用了非常象形的手法来塑造龙身形象。而
旬阳黄州会馆、重庆湖广会馆的禹王宫与齐安公所的山墙也是这种形式的
延续，成都洛带禹王宫则将这种形式直接运用到了山门上（见图5-5）。

　　另外，在各处湖广会馆中都可以看见颂扬大禹、帝主等神灵的匾额与
书法楹联。移民们赞誉故乡，把故乡的图腾融入雕刻中，将故乡的典故付
之于刻刀间，将故乡的名字琢于砖石中，以此慰藉乡愁。除此之外，湖广
移民在建造会馆时甚至不远千里从家乡运来木料，这种情况直到移民完全
融入当地社会才完全消除。

（a）麻城帝主庙

（b）麻城帝主庙龙形山墙细部

（c）重庆齐安公所

（d）旬阳黄州会馆

（e）洛带禹王宫山门

图 5-5　不同湖广会馆的封火山墙造型对比

（二）异乡因素

根据第二章的分析，明清时期的湖广移民迁移主要有西南和北方两个方向，不同移民地的异乡因素对湖广会馆的造型也会产生影响。因此，笔者选取了建造于同一时期不同地点的会馆案例进行比较，分别是地处北方的北京湖广会馆、地处湖北中部的大悟宣化店湖北会馆以及地处西南的重庆禹王宫（见表5-2）。

表 5-2　北京湖广会馆、宣化店湖北会馆、重庆禹王宫建筑形态比较

名称	北京湖广会馆	宣化店湖北会馆	重庆禹王宫
建造年代	修建于1807年，成型于1830年	修建于1821年，成型于1870年	修建于1750年，成型于1846年
建造背景	体仁阁大学士、湖南籍人士刘权之与顺天府尹、湖北黄冈籍人士李均简为联络南北之谊，出资重修湖广会馆	湖北商人、移民集资修建，以发展商业	湖广移民、商人集资修建，以发展商业
空间序列	戏楼 → 正殿 → 后殿	戏楼 → 拜殿 → 正殿	拜殿 → 正殿 → 戏楼 → 后殿

续表

名称		北京湖广会馆	宣化店湖北会馆	重庆禹王宫
建筑单体	山门			
	戏台			
	拜殿	无		
建筑单体	正殿			
	后殿	存在，缺少照片	无	

续表

名称		北京湖广会馆	宣化店湖北会馆	重庆禹王宫
装饰特色	装饰技术			
	特殊装饰			
	戏台顶饰			
	屋顶形式			

1. 空间序列

地处中部地区的宣化店湖广会馆使用的是比较普遍的戏楼—拜殿—正殿序列；在北方的北京湖广会馆比之取消了拜殿，增加了后殿；在西南的重庆禹王宫则将戏楼推至正殿后位，并增加了后殿。究其原因，可依据第二章的论述来解释。

北方的湖广移民主体是仕宦举子，虽然以同乡乡神的名义组织了起来，但由于长期浸淫于官场，对于神灵崇拜并不如移民或商人等下层群体那么重视，因此取消了拜殿，弱化祭拜的礼仪，同时又因议事需要，增加了后殿。

西南湖广移民的主体是普通民众和商人，是大禹信仰的群众基础，因此重庆禹王宫反而增设独立牌坊来加强拜殿的气势。而湖广商人的经营需要议事空间，所以也增设了后殿，并且把戏楼直接设置在后殿前序，这更能体现出西南湖广会馆的世俗化倾向。

2. 建筑单体

从建筑单体形式上来看，三所湖广会馆各具特色，同样与其所处地域的本地文化有关。以正殿为例，北京湖广会馆的正殿是文昌阁，主要是为了祈祷文运昌盛，会馆中除祀乡神之外还祀乡贤，这是因为北方移民的仕宦文化强化了对入世为官的追求。而重庆禹王宫正殿只祀单一神灵大禹，移民在这里祭拜大禹主要是为了祈求生活平安。

3. 建筑装饰

三所湖广会馆的建筑装饰具有明显的差异，可以看出其中的地缘特色。以色彩为例：北京湖广会馆装饰以旋子彩绘为主，配色主要是红绿蓝；西南的重庆禹王宫则沿用楚地传统配色，即以红黑金为主；中部的宣化店湖北会馆装饰则显得比较朴素与常规，看不出明显偏好。而对于一些特殊装饰：北京湖广会馆偏官式建筑风格，从门钉到瓦座都类似北方四合院的做法；重庆禹王宫的龙头斗拱则极尽装饰之能事，展示了南方工匠精湛的手艺；宣化店湖北会馆某些窗户使用了砖石拱券过梁，显得比较中庸。

综上所述，不同地域的湖广会馆造型受湖广地区原乡建筑风格和所在移民地异乡建筑风格的双重影响，是相互融合的结果。

第二节　湖广会馆与其他同乡会馆的比较

一、与山陕会馆的比较

山陕会馆是指明清时期山西、陕西商人在全国各地建立的会馆组织。下文从起源、命名方式、分布特征、建筑形制、构造装饰五个方面对湖广会馆与山陕会馆进行对比研究。

（一）起源

对山陕会馆最重要的影响因素就是山西、陕西商人的商业贸易。明清时期，山西、陕西两省形成的"晋商"和"秦商"是驰名天下的商帮，合称为"西商"。随着秦晋商帮的发展，山陕会馆也扩展到全国各地的商业贸易集镇和繁华集市，尤其是北方地区。

湖广会馆的起源是由于生存型移民对禹文化的传播，与山陕会馆的起源差异较大。后随着生活移民与商业移民的活动，两者之间开始有所关联。如在四川境内，可以看到各个省籍的会馆建筑。

（二）命名方式

山陕会馆的命名方式非常多样。首先，与湖广会馆被称为"禹王宫"相同，因山陕会馆供奉的是"关羽"，故也被称为"关帝庙""财神庙"等。另外，由于山陕会馆是由山西、陕西商人所合建，故被称为"山陕会馆""陕山会馆""秦晋会馆""西山会馆"等。而"山""陕"的排序是由两个省份商人的势力和地位决定的，后又有甘肃商人的加入，其会馆遂被称为"山陕甘会馆"。

湖广会馆的命名也很多样，如"帝主宫""黄州公所""齐安公所""黄安会馆""黄冈会馆"等，主要是依据供奉的神灵以及历史地名。

（三）分布特征

山陕会馆分布范围相当广泛，几乎存在于全国各地，包括安徽、福建、甘肃、广东、贵州、河北、河南、黑龙江、湖北、湖南、吉林、江苏、江西、辽宁、青海、山东、山西、陕西、四川、台湾、云南、浙江22个省，广西壮族自治区、内蒙古自治区、宁夏回族自治区、西藏自治区、新疆维吾尔自治区5个自治区以及北京、天津、上海、重庆4个直辖市。并且同一城镇的山陕会馆数量并非只有1所，比如清末的武汉三镇就有大小共计8所关帝庙（山陕会馆），这与山陕商人在全国首屈一指的财力是分不开的。

湖广地区的商业力量不如山陕商帮实力雄厚，只有黄州商帮具有一定实力，但仍然不在全国十大商帮之列，因而湖广会馆在全国的分布并不广泛，主要集中在西南地区，以安徽、江西为主的江浙地区，以河南大部和陕西南部为主的北方地区以及北京地区。

（四）建筑形制

山陕会馆总体布局呈中轴对称，中轴线上依次分布照壁、山门、钟鼓楼、戏台、牌楼、拜殿、大殿和春秋楼等重要建筑，其中照壁是北方建筑中常用的建筑形式，其上多加以精美的雕刻装饰，它的重要性在大多数情况下超过山门。山陕会馆山门前的铁旗幡与拜殿前的钟鼓楼也是其特色（见图5-6）。随着传播范围逐步扩大，山陕会馆也吸收了其他地区的建筑风格，呈现出各自的建筑特色，体现了会馆建筑的"原乡性"和"地域性"。

（五）构造装饰

山陕会馆的构造形式严格遵守官式建筑则例。不同于湖广会馆的斗拱大多退化成装饰构件，山陕会馆的斗拱仍然是承重构件，且工艺十分精湛（见图5-7）。因山陕会馆祭拜的是关羽，所以在其装饰题材中以三国故事居多，通常使用高浮雕或者圆雕，人物栩栩如生（见图5-8）。总之，山陕会馆是众多会馆建筑中最具北方特色，也是最为精美的会馆建筑。

图 5-6　亳州山陕会馆铁旗幡

图 5-7　亳州山陕会馆斗拱

图 5-8　亳州山陕会馆木雕

二、与江西会馆的比较

江西会馆是江西人在客地建立的会馆，也属于"湖广填四川"移民运动背景之下的产物。下文从起源、命名特点、分布特征、建筑形制、细部装饰五个方面对江西会馆与山陕会馆进行比较。

（一）起源

在"湖广填四川"过程中一部分江西移民选择在湖广地区定居，有些则继续西行到了四川、陕南等地。与湖广会馆性质相同，这些江西籍的移民就地建造祠堂、会馆，一则缅怀故土，二则增强同乡情谊，因此江西会馆在属性上与湖广会馆很接近，受到移民运动的极大影响。

（二）命名特点

与湖广会馆类似，江西会馆供奉的主神是道教祖师"许真君"许逊，也有供奉"萧公"的，因而称"真君宫"或"萧公庙""萧君祠"，不过江西会馆主要还是按省籍称为"江西庙"或"万寿宫""仁寿宫"。还有按照县府等地方名字命名的，例如"豫章公馆""洪都府""泰和会馆""安福会馆"等，另有"晏公庙""三宁（灵）祠"等。较湖广会馆而言，江西会馆的命名方式更为丰富多样。

（三）分布特征

江西会馆的主要分布区域是湖广地区和巴蜀地区。据统计，在四川境内的1 400余所会馆中，江西会馆有320所，占总数的22%，仅次于排名第一的湖广会馆。湖广会馆和江西会馆往往相伴而生，例如石阡禹王宫与石阡万寿宫只隔着一条小巷，重庆江西会馆也在重庆禹王宫东侧不远处。这应当是源于"湖广填四川，江西填湖广"的共同移民背景。

（四）建筑形制

与湖广会馆通常的两进院落相比，江西会馆形制与规模较为简单，一般只有一个主要院落和一个戏台。山门多做成随墙式，并且墙体紧逼主要街巷。墙为封火山墙形式，上开左、中、右并排3个门，主入口位于正中央（见图5-9）。值得说明的是，江西会馆主要分布在湖广地区和西南地区，由于两地地理环境的较大差异，这两地的江西会馆建筑形式也呈现出明显的差异性。

（五）细部装饰

江西人一般祭拜许真君，其会馆建筑内的道教元素比较丰富，例如建筑中的书法楹联多用于赞颂许真君的忠孝事迹。如重庆江津仁沱社区真武场万寿宫大门有联"玉诏须来万古长留忠孝，金册渡出一家都是神仙"，是一副褒扬许真君生平忠孝事迹和其道教思想的对联。合江白鹿万寿宫台阶上也有太极图案的装饰（见图5-10）。

图 5-9　合江白鹿万寿宫山门

图 5-10　合江白鹿万寿宫太极图案

第三节 禹王宫与其他水神庙的比较

在崇尚万物有灵的中国传统社会，江河湖海作为常见且影响人们生活颇深的事物自然受到古人的崇拜，因而产生了很多关于水神的信仰，例如大禹、杨泗和川主，三者同为治水神，大禹宫、杨泗庙和川主庙也在巴蜀地区有广泛分布。

杨泗庙供奉的是杨泗将军，是起源于湖南洞庭湖一带的道教水神（见图5-11、图5-12）。川主庙供奉李冰父子，起源于唐朝及之前四川地区对于秦蜀郡太守李冰治理都江堰造福后人的敬仰（见图5-13、图5-14）。由于三者建筑形制差异过大，笔者主要从移民文化的角度对它们在巴蜀地区的传承关系略做探讨。

图 5-11 冻青沟杨泗庙

图 5-12 天河口杨泗庙

图 5-13 平摊川主庙

图 5-14 中敖川主庙

在明朝以前，大禹作为全国性神灵在四川也获得普遍敬祀，不过四川本地人重点祭拜的是李冰父子，相比于大禹治水的遥不可知，李冰父子对都江堰的治理实实在在地造福了地方百姓，因而地位最高。随着明清湖广移民的迁入，大禹信仰被带回四川，并再一次受到重视。由于湖广移民坚守大禹信仰，四川本地人就崇拜李冰父子以与湖广移民区分。后来随着杨泗将军信仰传入四川，而它们的治水职能重叠，所以杨泗将军被视为镇江王，成为河道的水神。在外来水神的传入下，信仰李冰父子的本地人将李冰父子升格为川主，从而形成了川主庙。可见水神信仰之间的诸多纠缠反映的实际上是背后移民活动产生的竞争关系。

随着入川移民的逐渐安顿与稳定，三种水神开始和谐共存，三者的祭拜时间都被定在农历六月初六。其职能也有了明确划分：大禹是湖广移民内部认同、外部区分的重要符号；杨泗将军满足了商旅、舟子的信仰以及职业区分的需要；李冰父子则起到协调土客认同、建构新地方文化的重要作用。

通过湖广移民的身份认同与移民后新四川的"家园重塑"，三种水神信仰既强调土客文化差别，又强调彼此认同、协调的重要性，实现了土客文化的共同传承。

第四节　湖广会馆的当代价值与保护

"大禹治水"对湖广移民的影响是深远的，他们在外地设置的湖广会馆就是依托了对神禹的崇敬和礼拜。禹文化从蜀地诞生，扩散到全国各地，形成了最初的禹王宫（庙），而随着明清湖广移民的大迁移，禹文化又被带回蜀地，以精美的湖广会馆形式再次登上舞台，形成了独特的"蜀产而楚祀"的现象。禹王宫、湖广会馆的传承与演变也反映了移民信仰的演化，见证了移民社会的变迁。所谓"楚蜀同源"，双江禹王宫山门牌匾处刻写的"灵承蜀楚"就是对这一现象最好的注解。

湖广会馆具有重要的历史价值和文化价值，它是中国传统文化的重要载体。湖广会馆大多历史悠久，是见证了地区发展历史的重要载体。大部分保存完好的湖广会馆形制严整，建筑优美，具有地方特色，同时内部装饰精美，美学价值很高。此外，湖广会馆还具有一定社会价值，它曾经是甚至仍然是重要的社会交流场所，可以促进社会文化的交流与发展。比如北京湖广会馆仍然保留着剧场的功能，重庆湖广会馆是研究会馆文化、移民文化等中国传统文化的学会所在地，也多次作为举办大型民俗活动的场所，促进了中华优秀传统文化的存续与复兴。

随着人们保护意识的增强，近年来很多地方都加强了对禹王宫、湖广会馆的保护。例如2008年12月4日，安徽怀远的"涂山大禹传说"被列入安徽省第二批非物质文化遗产名录；2015年8月，武汉大禹文化博物馆申报的"武汉大禹治水传说"成为武汉市第五批非物质文化遗产代表性项目；等等。其相关的禹王宫、湖广会馆借此机遇得到了精心保护。但也有部分禹王宫、湖广会馆因为处在偏僻之所，或者产权所有者无力维持，被挪作他用甚至逐渐消失。

笔者认为，对于现存具有保护价值的湖广会馆，应当在综合考量经济成本的前提下妥善安置。

首先应当加强湖广会馆的安防管理。要建立完善的管理制度，确保湖广会馆的整体安全。其次，要促进湖广会馆的修缮工作。要加强对湖广会馆的文物保护，确保其文物的完整性，确保其文化特色得到有效保护。最后，应当加强对湖广会馆的宣传。要定期举办各种文化活动，让更多的人了解湖广会馆的历史文化，增强湖广会馆的知名度，以吸引更多的游客前来参观，做好活化利用工作。

著作：

[1] 赵逵．湖广填四川移民通道上的会馆研究[M]．南京：东南大学出版社，2012．

[2] 赵逵，邵岚．山陕会馆与关帝庙[M]．上海：东方出版中心，2015．

[3] 李晓峰等．两湖民居[M]．北京：中国建筑工业出版社，2009．

[4] 何兆兴．老会馆[M]．北京：人民美术出版社，2003．

[5] 何智亚．重庆古镇[M]．重庆：重庆出版社，2004．

[6] 何丙棣．中国会馆史论[M]．台北：台湾学生书局，1966．

[7] 北京市档案馆．北京会馆档案史料[M]．北京：北京出版社，1997．

[8] 胡春焕，白鹤群．北京的会馆[M]．北京：中国经济出版社，1994．

[9] 王日根．中国会馆史[M]．上海：东方出版中心，2007．

[10] 吴长元．宸垣识略[M]．北京：北京古籍出版社，1983．

[11] 刘致平．中国建筑结构与类型[M]．北京：中国建筑工业出版社，2000．

[12] 中国建筑艺术全集编辑委员会．中国建筑艺术全集11：会馆建筑·祠堂建筑[M]．北京：中国建筑工业出版社，2003．

[13] 骆平安，李芳菊，王洪瑞．商业会馆建筑装饰艺术研究[M]．开封：河南大学出版社，2011．

[14]　蓝勇，黄权生．"湖广填四川"与清代四川社会[M]．重庆：西南师范大学出版社，2009．

[15]　王日根．乡土之链：明清会馆与社会变迁[M]．天津：天津人民出版社，1996．

[16]　何智亚．重庆湖广会馆历史与修复研究[M]．重庆：重庆出版社，2006．

[17]　曹树基．中国移民史：卷6[M]．福州：福建人民出版社，1997．

[18]　李允鉌．华夏意匠：中国古典建筑设计原理分析[M]．天津：天津大学出版社，2010．

[19]　中国汉江航运博物馆．远去的帆影[M]．北京：人民交通出版社，2017．

[20]　张平乐，李秀桦．襄阳会馆[M]．北京：中国文史出版社，2015．

[21]　重庆湖广会馆管理处．重庆会馆志[M]．武汉：长江出版社，2014．

[22]　KIDNEY W. Working places: the adaptive use of older buildings[M]. Pittsburgh: Ober Park Associates, 1976.

[23]　WATSON J L. Standardizing the Gods: the promotion of T'ien Hou（"Empress of Heaven"）along the south China coast，960-1960[M]// JOHNSON D, NATHAN A J, RAWSKI E S. Popular culture in late imperial China. Berkeley: University of California Press, 1985: 292-324.

[24]　CAPLE C. Conesrvation skills: judgment method and decision making[M]. London: Routledge, 2000.

学位论文：

[1]　肖晓丽．巴蜀传统观演建筑[D]．重庆：重庆大学，2002．

[2]　张莉．重庆"湖广四川"移民博物馆立项建设与营运思路个案研究[D]．重庆：重庆师范大学，2005．

[3]　马丽娜．明清时期"江西—湖北"移民通道上戏场建筑形制的承传与衍化[D]．武汉：华中科技大学，2007．

[4]　赵明．晋商会馆建筑文化探析[D]．太原：太原理工大学，2007．

[5]　郭学仁．湖南传统会馆研究[D]．长沙：湖南大学，2006．

[6]　冷婕．重庆湖广会馆保护与修复的研究[D]．重庆：重庆大学，2005．

[7]　邬胜兰．从酬神到娱人：明清湖广—四川祠庙戏场空间形态衍化研究[D]．武汉：华中科技大学，2016．

[8]　邓红伟．近代黄帮研究[D]．武汉：华中师范大学，2014．

[9]　陈鹏．云南会馆建筑地域特征及其文化研究[D]．昆明：昆明理工大学，2013．

[10]　林移刚．清代四川民间信仰地理研究[D]．重庆：西南大学，2013．

[11]　詹洁．明清"湖广填四川"移民通道上的湖广会馆建筑研究[D]．武汉：华中科技大学，2013．

[12]　田苗苗．巴蜀川主信仰研究[D]．成都：四川省社会科学院，2009．

[13]　吴樱．巴蜀传统建筑地域特色研究[D]．重庆：重庆大学，2007．

[14]　何慧群．重庆"湖广会馆"建筑装饰艺术探究[D]．重庆师范大学，2013．

期刊论文：

[1]　张健．士人会馆：北京旧城会馆建筑文化内涵三题[J]．北京工业大学学报，2005（S1）：45-49．

[2]　袁泉，杨铭．巴渝地区禹文化源流及其内涵[J]．文史杂志，2009（4）：4-7．

[3]　孙丽．蚌埠市景观中禹文化研究[J]．科教文汇（中旬刊），2014（1）：165，167．

[4]　郭璇．移民社会的缩影：重庆"湖广会馆"文化内涵三题[J]．华中建筑，2002（1）：71-74．

[5]　王日根．论明清会馆神灵文化[J]．社会科学辑刊，1994（4）：101-106．

[6]　周启志．关于福主信仰与移川孝感乡民冒籍问题[J]．成都大学学

报：社会科学版，2009（4）：3-8.

[7]   王日根. 明清会馆与社会整合[J]. 社会学研究，1994（4）：101-109.

[8]   梅莉. 湖北麻城帝主信仰及其流传[J]. 湖北师范学院学报：哲学社会科学版，2007（2）：41-44.

[9]   林成西. 移民与清代四川民族区域经济[J]. 西南民族大学学报：人文社科版，2006（11）：187-190.

[10]   李虎. 蜀道与人口迁移[J]. 文博，1995（2）：80-84.

[11]   刘正刚. 清代四川的广东移民会馆[J]. 清史研究，1991（4）：10-15，42.

[12]   陈世松. "麻城孝感乡现象"探疑[J]. 社会科学研究，2005（6）：148-152.

[13]   邹芙都. 巴蜀文化中的楚文化因素[J]. 衡阳师范学院学报，2005，26（4）：48-53.

[14]   陈玮，胡江瑜. 四川会馆建筑与移民文化[J]. 华中建筑，2001，19（2）：14-17.

[15]   黄宗汉. 北京湖广会馆及其修复利用[J]. 北京社会科学，1997（2）：100-107.

[16]   王敏. 东亚大禹信仰文化圈现状的考察[J]. 东北亚外语研究，2017，5（4）：10-14.

[17]   李禹阶，岳精柱. 历史上的重庆移民及其信仰[J]. 重庆师范大学学报：哲学社会科学版，2017（4）：5-10.

[18]   何绪军，王银田. 清代四川地区湖广会馆的产生与社会整合[J]. 三峡论坛：三峡文学·理论版，2017（4）：23-30.

[19]   常松木. 大禹文化的民间传承路径分析[J]. 河南理工大学学报：社会科学版，2017，18（3）：93-98.

[20]   张兴国，袁晓菊. 巴渝建筑的场所精神：重庆湖广会馆营造特色探析[J]. 住区，2017（2）：40-47.

[21]   郑中伟，朱鹏. 试论清末会馆功能的市场化拓展[J]. 社科纵横，

2017，32（4）：101-104.

[22] 吴庆龙，赵志军，刘莉，等．公元前1920年溃决洪水为中国大洪水传说和夏王朝的存在提供依据[J]．中国水利，2017（3）：1-5.

[23] 张彦，苏东来．清代巴蜀地区湖广移民与大禹信仰[J]．中华文化论坛，2016（11）：53-60.

[24] 傅裕．会馆信仰及其社会功用：以清代重庆九省会馆为考察对象[J]．重庆第二师范学院学报，2016，29（5）：29-33，174.

[25] 张红叶，顾军.北京湖北籍会馆的变迁[J]．北京档案，2016（9）：50-52.

[26] 王日根．晚清至民国时期会馆演进的多维趋向[J]．厦门大学学报：哲学社会科学版，2004（2）：79-86.

[27] 薄井由．清末以来会馆的地理分布：以东亚同文书院调查资料为依据[J]．中国历史地理论丛，2003，18（3）：80-91.

[28] 陈炜，史志刚．地域会馆与商帮建构：明清商人会馆研究[J]．乐山师范学院学报，2003（1）：77-81.

[29] 吴慧．会馆、公所、行会：清代商人组织演变述要[J]．中国经济史研究，1999（3）：113-132.

[30] 龙显昭．夏禹文化与四川的禹庙[J]．四川文物，1999（1）：28-34.

[31] 谭继和．禹文化西兴东渐简论[J]．四川文物，1998（6）：8-13.

[32] 张明富．试论明清商人会馆出现的原因[J]．东北师大学报，1997（1）：42-47.

[33] 蓝勇．清代西南移民会馆名实与职能研究[J]．中国史研究，1996（4）：16-26.

[34] 王日根．论明清会馆神灵文化[J]．社会科学辑刊，1994（4）：101-106.

[35] 王日根.国内外中国会馆史研究评述[J]．文史哲，1994（3）：98-103.

[36] 邱志荣．论海侵对浙东江河文明发展的影响[J]．浙江水利水电学院

学报，2016，28（1）：1-6.

[37] 郭建勋. 水网天下，神通川湘：四川杨泗将军信仰流变过程及意义[J]. 西南民族大学学报：人文社科版，2015，36（7）：1-6.

[38] 姚政权，石学法.渤海湾沿岸第四纪海侵研究进展[J]. 海洋地质前沿，2015，31（2）：9-16，70.

[39] 孙中雯. 移民背景下的明清会馆建筑研究[J]. 美术教育研究，2015（3）：130-132.

[40] 赵逵. 川盐古道上的盐业会馆[J]. 中国三峡，2014（10）：80-90.

[41] 李健胜. "大禹出于西羌"辨[J]. 中原文化研究，2014，2（3）：51-58.

[42] 林移刚. 川主信仰与清代四川社会整合[J]. 西南大学学报：社会科学版，2013，39（5）：155-161，178.

[43] 宋传银. 秦至清代湖北人口迁移特征析论[J]. 武汉大学学报：人文科学版，2013，66（5）：107-113.

[44] 王东杰. "乡神"的建构与重构：方志所见清代四川地区移民会馆崇祀中的地域认同[J]. 历史研究，2008（2）：98-118，191.

[45] 刘嘉弘. 洪江十大会馆神祉文化解读[J]. 湖南文理学院学报：社会科学版，2006（4）：104-107.

[46] 吴文祥，葛全胜. 夏朝前夕洪水发生的可能性及大禹治水真相[J]. 第四纪研究，2005（6）：79-87.

[47] 刘凤云. 清代北京会馆的政治属性与士商交融[J]. 中国人民大学学报，2005（2）：122-128.

[48] 陈蔚，胡斌. 赏析巴蜀会馆建筑[J]. 四川建筑，2004（3）：23-25.

[49] EUGSTER J G. Evolution of the heritage areas movement[J]. The George Wright FORUM, 2003 (20): 50-59.

[50] YEOMANS D. Rehabilitation and historic preservation: a comparison of American and British approaches[J]. Town planning review, 1994, 65 (2): 159-178.

附录一 历史上中国建立的湖广会馆总表[①]

编号	地区	名称	详细地点	创建时间	资料来源	备注
1	湖北	夏禹庙	武汉市汉阳区洗马长街86号，汉阳龟山东麓的禹功矶上	南宋绍兴年间（1162年之前）	实地访问	现存，详见附录二
2	湖北	黄州会馆	十堰市张湾区黄龙古镇中街	清咸丰七年（1857年）	实地访问	现存，详见附录二
3	湖北	武昌会馆	十堰市张湾区黄龙古镇中街	嘉庆岁己卯年（1819年）	实地访问	现存，详见附录二
4	湖北	湖北会馆	湖北省大悟县宣化店镇竹竿河西岸	清道光元年（1821年）	实地访问	现存，详见附录二
5	湖北	黄州会馆	襄阳市樊城区解放路中段（襄阳市第二中学东北侧）	清同治八年（1869年）	实地访问	现存，详见附录二
6	湖北	武昌会馆	神农架阳日古镇老街中段	清道光年间（1850年之前）	实地访问	现存，详见附录二
7	湖北	黄州庙	上庸竹山镇北坝老街	清乾隆年间（1796年之前）	实地访问	现存，详见附录二
8	湖北	禹王宫	晓关镇老街上	清同治元年（1862年）	赵逵、詹洁《"湖广填四川"移民线路上的"湖广会馆"研究》	现存，详见附录二
9	湖北	禹王宫	鄂西恩施土家族苗族自治州纳水溪古村落	清乾隆年间（1796之前）	赵逵、詹洁《"湖广填四川"移民线路上的"湖广会馆"研究》	现存，详见附录二
10	湖北	禹王宫	汉阳龟山山顶（禹稷行宫西）	待考，1864年之前	《武汉城镇合图》（1864）	—

[①] 此表不含我国港澳台地区会馆相关内容。

编号	地区	名称	详细地点	创建时间	资料来源	备注
11	湖北	禹王阁	汉正街北，田家巷以西	待考，1864 年之前	《武汉城镇合图》（1864）	—
12	湖北	帝主殿	汉口花楼街，广益桥清真寺东侧	待考，1864 年之前	《武汉城镇合图》（1864）	—
13	湖北	湘乡会馆	汉阳洗马长街，铁门关以北，旧高公桥以南	待考，1864 年之前	《武汉城镇合图》（1864）	—
14	湖北	武昌会馆	樊城中山后街中段	待考	《襄樊会馆》	湖北省武昌府所辖十县在樊商旅人士兴建。内奉楚国三闾大夫、爱国诗人屈原，又名"三闾书院"
15	湖北	黄州会馆	沙市崇文街 82—90 号	早于清乾隆四十九年（1784 年）	《三楚名镇梦华录》	民国时期，沙市曾是全国仅次于汉口、天津的第三大棉花输出市场。黄州会馆作为黄州同乡会的重要居所，其"圣地"功能无法替代
16	湖南	黄州会馆	怀化洪江古商城入口外	清康熙四年（1665 年）	实地访问	现存，详见附录二
17	湖南	宝庆会馆	怀化洪江古商城大河边	清雍正年间（1735 年之前）	实地访问	现存，详见附录二
18	湖南	宝庆会馆	黔阳古城下河街	清朝中叶（1776—1839 年）	实地访问	现存，详见附录二
19	湖南	攸县禹王宫	县城滨江大道洣水一桥上游	元朝大德年间（约在公元 1300 年）	郭学仁《湖南传统会馆研究》	现存，详见附录二

编号	地区	名称	详细地点	创建时间	资料来源	备注
20	湖南	辰沅会馆	怀化洪江古商城大河边	清乾隆四十二年重建（1777年）	朱明霞《社会变迁中的传统商业会馆——洪江古商城会馆研究》	又名伏波宫
21	湖南	湘乡会馆	怀化洪江古商城新街	清雍正年间（1735年之前）	朱明霞《社会变迁中的传统商业会馆——洪江古商城会馆研究》	又名龙城宫
22	湖南	衡州会馆	怀犯洪江古商城小河正街	清道光二十八年（1848年）	朱明霞《社会变迁中的传统商业会馆——洪江古商城会馆研究》	又名寿佛宫
23	湖南	禹王宫	凤凰县城城隍庙	待考	郭学仁《湖南传统会馆研究》	—
24	湖南	湖北会馆	长沙西十二鱼塘街鄂省港	清康熙三十三年（1964年）	郭学仁《湖南传统会馆研究》	—
25	湖南	湖北会馆	怀化沅陵县县城龙须巷	待考	郭学仁《湖南传统会馆研究》	建筑群坐北朝南，砖木结构，晚清建筑风格
26	湖南	湖北会馆	湘潭十七总河街	待考	郭学仁《湖南传统会馆研究》	—
27	湖南	黄州会馆	益阳三堡大水坪县巷	待考	郭学仁《湖南传统会馆研究》	益阳最早的会馆，经营纸行
28	湖南	黄州会馆	湘潭十五总后	待考	郭学仁《湖南传统会馆研究》	有房屋五十所及菜园、地基等
29	重庆	湖广会馆	渝中东水门正街4号	清乾隆二十四年（1759年）	实地访问	现存，详见附录二
30	重庆	禹王宫	巴南区丰盛古镇福寿街	清咸丰七年（1857年）	实地访问	现存，详见附录二
31	重庆	禹王宫	重庆潼南双江北街42号	清初（1700年之前）	实地访问	现存，详见附录二

编号	地区	名称	详细地点	创建时间	资料来源	备注
32	重庆	禹王庙	重庆北碚偏岩	待考	赵逵、詹洁《"湖广填四川"移民线路上的"湖广会馆"研究》	现存，详见附录二
33	重庆	禹王宫	重庆江北鱼嘴	待考	赵逵、詹洁《"湖广填四川"移民线路上的"湖广会馆"研究》	现存，详见附录二
34	重庆	禹王宫	重庆江津真武场禹王庙街	待考	实地访问	现存，详见附录二
35	重庆	禹王宫	渝北区龙兴镇藏龙街	清乾隆二十四年（1759年）	《重庆会馆志》	现存，详见附录二
36	重庆	禹王宫	潼南宝龙镇酢房村一号宝龙街	清光绪元年（1875年）	《重庆会馆志》	现存，详见附录二
37	重庆	禹王庙	永川区板桥镇幸福街四号	清代	《重庆会馆志》	现存，详见附录二
38	重庆	湖广会馆	铜梁县安居镇大南社区小南街119号	清光绪十四年（1888年）	《重庆会馆志》	现存，详见附录二
39	重庆	湖广会馆	重庆荣昌县城路孔古镇大河街	清乾隆年间（1796年之前）	《重庆会馆志》	现存，详见附录二
40	重庆	禹王庙	酉阳西酬镇溪口村一组	清乾隆五十四年（1789年）	《重庆会馆志》	现存，详见附录二
41	重庆	禹王宫	秀山石堤古城	待考	《重庆会馆志》	现存，详见附录二
42	重庆	禹王宫	秀山保家镇	待考	《重庆会馆志》	现存，详见附录二
43	重庆	禹王宫	梁平虎城镇猫儿寨东门下靠公鸡梁	清乾隆五十二年（1787年）	《重庆会馆志》	现存，详见附录二
44	重庆	帝主宫	开州区长沙镇陈家场东头	清嘉庆十九年（1814年）	《重庆会馆志》	现存，详见附录二
45	重庆	帝主宫	开州区郭家镇长店社区长店坊	清咸丰元年（1851年）	《重庆会馆志》	现存，详见附录二

编号	地区	名称	详细地点	创建时间	资料来源	备注
46	重庆	帝主宫	云阳县双江镇粮站，迁至云阳县青龙街道天鹅社区三峡文物园	清光绪九年（1883 年）	《重庆会馆志》	现存，详见附录二
47	重庆	帝主宫	重庆市巫山县大昌古镇东街	清乾隆乙丑年（1745 年）	《重庆会馆志》	现存，详见附录二
48	重庆	禹王宫	巫山县龙溪镇	清光绪三十年（1904 年）	《重庆会馆志》	现存，详见附录二
49	重庆	禹王宫	涪陵区同乐乡同建居委一组	清光绪三十四年（1908 年）	《重庆会馆志》	现存，详见附录二
50	重庆	大禹庙	重庆石柱厅	待考	赵逵、詹洁《"湖广填四川"移民线路上的"湖广会馆"研究》	待考
51	重庆	真武宫	重庆开州	待考	赵逵、詹洁《"湖广填四川"移民线路上的"湖广会馆"研究》	待考
52	重庆	禹王宫	重庆西阳龙潭	待考	赵逵、詹洁《"湖广填四川"移民线路上的"湖广会馆"研究》	待考
53	重庆	衡永宝馆	重庆云阳	待考	赵逵、詹洁《"湖广填四川"移民线路上的"湖广会馆"研究》	待考
54	四川	禹王宫	成都市洛带镇下街	清乾隆十一年（1746 年）	实地访问	现存，详见附录二
55	四川	禹王宫	四川武胜沿口古镇中段半山腰处	待考，清朝时期	实地访问	现存，详见附录二
56	四川	禹王宫	四川合江县福宝古镇回龙街中段	清康熙五十年（1771 年）	实地访问	现存，详见附录二

编号	地区	名称	详细地点	创建时间	资料来源	备注
57	四川	禹王宫	大同古镇平街与大洞场下码头之间	待考，清朝时期	实地访问	现存，详见附录二
58	四川	慧光寺	宜宾李庄镇中心	清道光十一年（1831 年）	赵逵、詹洁《"湖广填四川"移民线路上的"湖广会馆"研究》	现存，详见附录二
59	四川	禹王宫	金堂县土桥镇	清乾隆二十一年（1756 年）	赵逵、詹洁《"湖广填四川"移民线路上的"湖广会馆"研究》	现存，详见附录二
60	四川	禹王宫	内江市资中县铁佛镇	待考	赵逵、詹洁《"湖广填四川"移民线路上的"湖广会馆"研究》	现存，详见附录二
61	四川	禹帝宫	屏山龙华古镇正街南	清乾隆三十三年（1758 年）	赵逵、詹洁《"湖广填四川"移民线路上的"湖广会馆"研究》	现存，详见附录二
62	四川	帝主庙	三台郪江古镇	待考	赵逵、詹洁《"湖广填四川"移民线路上的"湖广会馆"研究》	现存，详见附录二
63	四川	禹王宫	四川南江长赤镇	清嘉庆二年（1797 年）	赵逵、詹洁《"湖广填四川"移民线路上的"湖广会馆"研究》	现存，详见附录二
64	四川	三楚公所	四川邛崃	待考	赵逵、詹洁《"湖广填四川"移民线路上的"湖广会馆"研究》	—
65	重庆	靖江庙	重庆江津	待考	赵逵、詹洁《"湖广填四川"移民线路上的"湖广会馆"研究》	—

续表

编号	地区	名称	详细地点	创建时间	资料来源	备注
66	四川	镇江庙	四川纳溪	待考	赵逵、詹洁《"湖广填四川"移民线路上的"湖广会馆"研究》	—
67	重庆	镇江王庙	重庆梁平	待考	赵逵、詹洁《"湖广填四川"移民线路上的"湖广会馆"研究》	—
68	四川	两湖崇祠	四川达县	待考	赵逵、詹洁《"湖广填四川"移民线路上的"湖广会馆"研究》	—
69	四川	楚武宫	四川成都	待考	赵逵、詹洁《"湖广填四川"移民线路上的"湖广会馆"研究》	—
70	四川	黑虎观	四川夹江	待考	赵逵、詹洁《"湖广填四川"移民线路上的"湖广会馆"研究》	—
71	四川	楚南宫	四川成都	待考	赵逵、詹洁《"湖广填四川"移民线路上的"湖广会馆"研究》	—
72	四川	三圣宫	四川大竹	待考	赵逵、詹洁《"湖广填四川"移民线路上的"湖广会馆"研究》	—
73	重庆	威宁宫	重庆梁平	待考	赵逵、詹洁《"湖广填四川"移民线路上的"湖广会馆"研究》	—

编号	地区	名称	详细地点	创建时间	资料来源	备注
74	四川	靖天宫	四川绵阳	待考	赵逵、詹洁《"湖广填四川"移民线路上的"湖广会馆"研究》	—
75	四川	石阳会馆	四川宜宾	待考	赵逵、詹洁《"湖广填四川"移民线路上的"湖广会馆"研究》	—
76	四川	真武宫	四川广安	待考	赵逵、詹洁《"湖广填四川"移民线路上的"湖广会馆"研究》	—
77	重庆	玉皇宫	重庆梁平	待考	赵逵、詹洁《"湖广填四川"移民线路上的"湖广会馆"研究》	—
78	四川	威远宫	四川乐至	待考	赵逵、詹洁《"湖广填四川"移民线路上的"湖广会馆"研究》	—
79	重庆	宝靖宫	重庆大足	待考	赵逵、詹洁《"湖广填四川"移民线路上的"湖广会馆"研究》	—
80	四川	禹王宫	四川广安肖溪镇	待考	赵逵、詹洁《"湖广填四川"移民线路上的"湖广会馆"研究》	—
81	四川	禹王宫	四川岳池	待考	赵逵、詹洁《"湖广填四川"移民线路上的"湖广会馆"研究》	—

续表

编号	地区	名称	详细地点	创建时间	资料来源	备注
82	贵州	禹王宫	石阡县汤山镇长征路北端	明万历十五年（1588年）	实地访问	现存，详见附录二
83	贵州	两湖会馆	镇远古城兴隆街冲子口巷12号	清光绪年间（1908年以前）	实地访问	现存，详见附录二
84	贵州	两湖会馆	黎平县德凤镇翘街	清嘉庆二年（1797年）	胡光华《黎平两湖会馆及其匾额书法》	现存，详见附录二
85	贵州	护国寺	贵州毕节七星关区中华南路	待考	https://gz.city.qq.com/a/20170723/032880.htm	从原八小路口至清毕路区粮食局门口，叫大定街，是通往大定府和省城贵阳的交通要道，清末以后称珠市路（俗称猪屎路），现已不存。从原八小路口右起，历史文化遗迹有：川主庙（供李冰，四川商会会馆，今人民剧场）、寿福寺（湖广商会会馆，原毕节收容所）、护国寺（湖北商会会馆，护国战争时蔡锷将军曾住此，今毕节京剧团宿舍）
86	云南	湖广会馆	县城东门外宝善街	清康熙四十六年（公元1704年）	赵逵、詹洁《"湖广填四川"移民线路上的"湖广会馆"研究》	现存，详见附录二

编号	地区	名称	详细地点	创建时间	资料来源	备注
87	云南	三楚宫	云南巧家	待考	赵逵、詹洁《"湖广填四川"移民线路上的"湖广会馆"研究》	—
88	云南	福国寺	云南昆明	待考	赵逵、詹洁《"湖广填四川"移民线路上的"湖广会馆"研究》	—
89	云南	楚圣宫	云南镇雄	待考	赵逵、詹洁《"湖广填四川"移民线路上的"湖广会馆"研究》	—
90	陕西	武昌会馆	商洛漫川关古镇街道村	明成祖年间（1424 年之前）	实地访问	现存，详见附录二
91	陕西	黄州会馆	距旬阳县城 63 千米处的蜀河古镇	清代中期（1873 年之前）	赵逵、詹洁《"湖广填四川"移民线路上的"湖广会馆"研究》	现存，详见附录二
92	陕西	禹王宫	陕西石泉县城中部	待考，唐代	李熙《安康传统民居型制及建筑细部意匠探究》	现存，详见附录二
93	陕西	湖北会馆	陕西汉阴	待考	赵逵、詹洁《"湖广填四川"移民线路上的"湖广会馆"研究》	—
94	陕西	湖南会馆	陕西紫阳	待考	赵逵、詹洁《"湖广填四川"移民线路上的"湖广会馆"研究》	—
95	陕西	紫云宫	陕西汉阴	待考	赵逵、詹洁《"湖广填四川"移民线路上的"湖广会馆"研究》	—

编号	地区	名称	详细地点	创建时间	资料来源	备注
96	江苏	湖北会馆	扬州市江都区仙女镇解放路中段	待考	https：//baike.baiducom/item/%E6%B9%96%E5%8C%97%E4%BC%9A%E9%A6%86/46732#viewPageContent	现存，详见附录二
97	江苏	湖南会馆	扬州市南河下26号	明朝	实地访问	现存，详见附录二
98	江苏	湖北会馆	扬州市南河下114-2号	清咸丰十年（1860年）	https：//baike.baiducom/item/%E6%B9%96%F5%8C%97%E4%BC%9A%E9%A6%86/6142240#viewPageContent	现存，详见附录二
99	江苏	夏禹庙	古吴县柳巷	待考	《民国吴县志》	咸丰十年毁
100	江苏	夏禹王庙	镇江府禹迹山上紫府观之东	待考	《乾隆镇江府志》	—
101	江苏	夏禹王庙	丹徒京观山	待考	《光绪丹徒县志》	在马迹山紫府观之东
102	江苏	夏禹王庙	丹徒宗张巷	待考	《光绪丹徒县志》	在马迹山紫府观之东
103	江苏	禹王庙	扬州府县治西浮山后	待考，唐朝时期	《嘉庆重修扬州府志》	昔狄仁杰毁吴楚淫祠惟大禹庙，宋嘉泰间重建
104	江苏	夏禹王庙	扬州府西临泽镇	待考	《嘉庆重修扬州府志》	今高邮临泽
105	江苏	三间大夫庙	扬州府县治东	待考	《嘉庆重修扬州府志》	祀楚屈，一名竞渡庙，今在沧浪里濯缨亭后

编号	地区	名称	详细地点	创建时间	资料来源	备注
106	江苏	禹王庙	阜宁县云梯关平成台侧	清康熙三十九年（1700 年）	《民国阜宁县新志》	清康熙三十九年，总河张鹏翔因崇福寺旧址改建，有法海津梁四字匾额……乾隆三十九年江督高晋增建后殿专祀禹王，以傍堤柳用三百亩作为香火院田
107	江苏	禹王庙	铜山县吕梁上洪东岸	明朝时期	《民国铜山县志》	一在吕梁上洪东岸，明时建；一在十八里，明嘉靖十一年总河黎世序移建于苗家山，额书大王庙
108	江苏	禹王庙	铜山县十八里屯	明嘉靖二十一年（1542 年）	同上	同上
109	江苏	禹王庙	江都县县治西	待考	《光绪江都县志》	祭于蓄鳌观后土殿
110	江西	禹王宫	江西萍乡	清同治年间（1874 年之前）	《同治萍乡县志》	在县南门外，湖南士民公建
111	安徽	禹王宫	蚌埠怀远县东南涂山顶	西汉时期	实地访问	现存，详见附录二
112	安徽	湖广会馆	亳州谯城区新民街 30 号	清乾隆年间（1796 年之前）	实地访问	现存，详见附录二
113	安徽	麻城寺	荷庐州府东乡，去治二十里	不晚于明崇祯年间（1644 年之前）	《光绪续修庐州府志》	——
114	安徽	三间大夫祠	巢县东聚坊	待考	《道光巢县志》	在县东聚坊即竞渡庙

续表

编号	地区	名称	详细地点	创建时间	资料来源	备注
115	安徽	湖广会馆	怀宁县操江厂	清朝	《民国怀宁县志》	旧在操江厂，清同治初湖广人移建太平境
116	安徽	湖南会馆	怀宁县二郎巷	清朝	《民国怀宁县志》	湖南人公立
117	安徽	湖北会馆	怀宁县卫山头	清朝	《民国怀宁县志》	湖南人公立
118	安徽	太平宫	太湖县司空山麓	待考	《民国太湖县志》	又名宝庆会馆
119	安徽	帝主宫	霍邱县南一百四十里	待考	《同治霍邱县志》	即帝主庙，县南一百四十里，即三楚会馆
120	安徽	禹王庙	在凤台县硖石口（峡山口）	清同治年间（1874年之前）	《光绪重修凤台县志》	禹王庙，在硖石口（峡山口），有前明重修碑记，同治年詹云洲、詹云锦、詹云鹄敛资重修……文生张春元重修碑记文曰：自昔地平天成，泽被八荒，而一乡一隅之间亦莫不沐圣德焉，硖石之西有小山，历代未载，因其上有大禹祠，取名为禹王山，云禹大圣人也……自宋以前不可考，自宋而明而清相继修者屡焉……

续表

编号	地区	名称	详细地点	创建时间	资料来源	备注
121	河南	禹皇宫	南阳荆紫关古街道东侧	清朝	实地访问	现存，详见附录二
122	河南	湖北会馆	郑州管城区三益街工人夜校旧址（原日本驻郑州领事馆东侧）	始建于1915年	实地访问	现存，详见附录二
123	河南	禹王宫	信阳县小南门大街路北	清乾隆年间（1796年之前）	《重修信阳县志》	禹王宫，即湖广会馆，在小南门大街路北。乾隆年间徐本良、钟秀等建禹王大殿，共房舍五十余间。内有两湖小学校
124	河南	禹王宫	信阳县东门内	清道光年间（1850年之前）	《重修信阳县志》	—
125	河南	禹山殿	邓州南六十里	待考	《邓州志》	—
126	河南	神禹庙	汝南县溱济桥南	待考	《重修汝南县志》	—
127	河南	禹王庙	灵宝县西关	待考	《灵宝县志》	—
128	河南	禹王庙	浚县大伾山东南	明朝时期	《浚县志》	旧禹王庙，刘志在大伾山东南，国朝通判彭可谦重修

续表

编号	地区	名称	详细地点	创建时间	资料来源	备注
129	河南	禹王庙	浚县大伾山顶东山书院	清嘉靖三十九年（1560 年）	《浚县志》	禹王庙，在大伾山顶东山书院，嘉靖三十九年知县葛慈建……康熙十八年知县刘德新移禹王庙于此，梁间题名，独存碑，无碑记
130	河南	禹王庙	襄城县治北	待考	《襄城县志》	——
131	山东	两湖会馆	青岛市市南区大学路 54 号	建于 1933 年	https：//zh.wikipedi.org/wiki/%E9%9D%92%E5%B2%9B%E4%B8%A4%E6%B9%96%E4%BC%9A%E9%A6%86	现存，详见附录二
132	北京	北京湖广会馆	西城区骡马市大街东口南侧（虎坊桥西南）	清道光十年（1830 年）	实地访问	现存，详见附录二
133	北京	麻城会馆	草厂头条 24 号	清乾隆年间（1796 年）	实地访问	现存，详见附录二
134	北京	孝感会馆	草厂七条 19 号	清康熙二年（1663 年）	实地访问	现存，详见附录二
135	北京	黄冈会馆	草厂二条 5 号	待考	实地访问	现存，详见附录二
136	北京	黄安会馆	新草路 1 号	待考	实地访问	现存，详见附录二
137	北京	湖南辰沅会馆	草场八条 27 号	待考	实地访问	现存，详见附录二
138	北京	湖南宝庆会馆	草场五条 27 号	待考	实地访问	现存，详见附录二
139	北京	湖南会馆	菜市口朝南的烂漫胡同	清光绪十三年（公元 1887 年）	《北京湖南会馆》	现存，详见附录二

编号	地区	名称	详细地点	创建时间	资料来源	备注
140	北京	湘乡会馆	菜市口朝南的烂漫胡同（湖南会馆北侧）	待考	《北京湖南会馆》	清末重臣曾国藩创建
141	北京	江夏会馆	宣武区排子胡同路南	待考	《北京的会馆》	—
142	北京	襄阳会馆	宣武区佘家胡同	待考	《北京的会馆》	—
143	北京	襄阳会馆	宣武区铁鸟胡同	待考	《北京的会馆》	—
144	北京	襄阳会馆	宣武区南横西街路南	待考	《北京的会馆》	—
145	北京	襄阳会馆	崇文区銮庆胡同路北	待考	《北京的会馆》	—
146	北京	黄梅会馆	崇文区草场五条	待考	《北京的会馆》	—
147	北京	黄梅会馆	宣武区车子营	待考	《北京的会馆》	—
148	北京	蒲圻会馆	宣武区小沙土园	待考	《北京的会馆》	—
149	北京	宜荆会馆	宣武区校场头条	待考	《北京的会馆》	—
150	北京	天门会馆	宣武区外大街路东	待考	《北京的会馆》	—
151	北京	安陆会馆	宣武区红线胡同	待考	《北京的会馆》	—
152	北京	安陆会馆	崇文区新开路路东	待考	《北京的会馆》	—
153	北京	郢中会馆	宣武区红线胡同路东	待考	《北京的会馆》	—
154	北京	郢中会馆	崇文区打磨厂路北	待考	《北京的会馆》	—
155	北京	沔阳会馆	宣武区十间房路北	待考	《北京的会馆》	—

编号	地区	名称	详细地点	创建时间	资料来源	备注
156	北京	孝感会馆	宣武区前孙公园	待考	《北京的会馆》	—
157	北京	蕲州会馆	宣武区莲花胡同	待考	《北京的会馆》	—
158	北京	蕲州会馆	宣武区永庆胡同	待考	《北京的会馆》	—
159	北京	蕲州会馆	崇文区磁器口七圣庙	待考	《北京的会馆》	—
160	北京	蕲州会馆	崇文区草场九条	待考	《北京的会馆》	—
161	北京	郧阳会馆	宣武区寿刘胡同路西	待考	《北京的会馆》	—
162	北京	郧阳会馆	宣武区教子胡同路西	待考	《北京的会馆》	—
163	北京	黄陂会馆	宣武区潘家河沿路西	待考	《北京的会馆》	—
164	北京	蕲水会馆	宣武区贾家胡同路东	待考	《北京的会馆》	—
165	北京	蕲水会馆	崇文区东柳树井路北	待考	《北京的会馆》	—
166	北京	咸宁会馆	宣武区椿树头条路北	待考	《北京的会馆》	—
167	北京	武昌会馆	崇文区长巷头条路西	待考	《北京的会馆》	—
168	北京	汉阳会馆	崇文区草场八条	待考	《北京的会馆》	—
169	北京	应山会馆	崇文区打磨厂路北	待考	《北京的会馆》	—

编号	地区	名称	详细地点	创建时间	资料来源	备注
170	北京	京山会馆	崇文区草场头条路东	待考	《北京的会馆》	—
171	北京	荆州会馆	崇文区三里河平乐园	待考	《北京的会馆》	—
172	北京	云梦会馆	崇文区东延旺庙后街	待考	《北京的会馆》	—
173	北京	兴国会馆	崇文区草场头条	待考	《北京的会馆》	—
174	北京	钟祥会馆	崇文区打磨厂路北	待考	《北京的会馆》	—
175	北京	随县会馆	崇文区东柳树井	待考	《北京的会馆》	—
176	北京	兴江会馆	崇文区草场头条	待考	《北京的会馆》	—

附录二　中国现存湖广会馆表（部分）

编号	地区	名称	保护等级	简介	照片	资料来源
1	湖北	汉阳禹稷行宫	国家级文物保护单位	武汉禹稷行宫位于武汉龟山东侧的禹功矶上。坐北朝南，占地约400平方米。沿着中轴线由山门、天井、禹王殿和环绕天井的游廊组成。禹王殿前后侧方设有小门，方便通往毗邻的晴川阁以及禹碑亭		现场调研，自摄
2	湖北	黄龙黄州会馆	省级文物保护单位	清咸丰七年（1857年），黄龙镇黄州会馆落成。该会馆是清代黄州八县（黄安、黄梅、黄冈、蕲春、浠水、麻城、罗田、广济）来十堰经商的同乡会组织集资兴建而成		现场调研，自摄

续表

编号	地区	名称	保护等级	简介	照片	资料来源
3	湖北	樊城黄州会馆	省级文物保护单位	樊城黄州会馆始建于清朝鼎盛时期，重建于清同治八年（1869年），现存建筑为一组三进四合院。2002年，黄州会馆被公布为省级重点文物保护单位。2007年，市文物管理处曾对黄州会馆正殿进行过保护性修缮		现场调研，自摄
4	湖北	黄龙武昌会馆	省级文物保护单位	黄龙武昌会馆始建于嘉庆年间，坐北朝南，为砖木结构。硬山顶，前后分进殿、戏楼、石门、拜殿、正殿，进殿檐高3.06米，通高7.85米，通长2.08米，通宽10.08米，为7立柱，9檩。拜殿为4立柱、9檩。正殿由4个耳房、1个大殿组成。梁架上部用梁与矮柱重叠，以支撑层面檩条。大殿前有走廊和两侧耳房相通。现有面积958平方米。顶部房檐四角翘起，设有封火墙，墙壁有"喜鹊等梅"等壁画，大院内设有"天井"，排水设施合理。正殿分为前殿、后殿对称修建，其建筑采用直径为55～58厘米的石座为基，墙体及围墙每块砖烧刻有"鄂郡"二字。据查，郧阳府只在此处设有武昌会馆，现为湖北省重点文物保护单位		现场调研，自摄

续表

编号	地区	名称	保护等级	简介	照片	资料来源
5	湖北	宣化店湖北会馆	市级文物保护单位	宣化店湖北会馆位于湖北省大悟县宣化店镇竹竿河西岸，又称"河西会馆"。清初，许多城市恢复了明代的繁荣，各地商人组成"商帮""行会"，在各大商埠都建有他们的"会馆"，宣化店是鄂、豫两省边界贸易的中心，来往商人络绎不绝，颇负盛名。"湖北会馆"就是在这种大环境下筹建的		现场调研，自摄
6	湖北	阳日武昌会馆	市级文物保护单位	道光年间由原武昌府所辖十县在房县旅居人士兴建。会馆正对南河码头而立，坐北朝南，位于整个阳日古镇的中心。原建筑群由大殿带东西耳房，配东西厢房，院墙加门楼组合而成。南北长41米，东西宽39米，占地总面积1599平方米，现仅存大殿部分		现场调研，刘乐摄

编号	地区	名称	保护等级	简介	照片	资料来源
7	湖北	竹山黄州庙	市级文物保护单位	竹山黄州庙始建于清乾隆年间，是当时在上庸定居或经商的黄州人（黄陂、麻城）投资所建，主要用于黄州人集会、议事、祭祀等。2008年由于潘口水电站的修建，正殿被整体搬迁，现在的黄州会馆正殿复建于上庸新集镇，现作为上庸镇道德文化讲堂		现场调研，刘乐摄
8	湖北	晓关禹王宫	市级文物保护单位	晓关禹王宫位于宣恩县晓关集镇东北450米处。始建于清同治元年（公元1862年），由当地侗族人家，陈、杨、李、乾、张五姓共八十三户共同集资修建，属清代移民所造"会馆式"庙宇。建筑主体坐南朝北，中轴对称布局，上下两层，以土家特色的吊脚楼为原型。因此禹王宫既是寺庙，又是侗家鼓楼，其气势恢宏，极富特色		现场调研，自摄
9	湖北	纳水溪禹王宫	市级文物保护单位	纳水溪禹王宫位于鄂西恩施土家族苗族自治州纳水溪古村落，始建于乾隆年间，现存建筑仅剩戏台以及两侧边厢的一部分		现场调研，自摄

编号	地区	名称	保护等级	简介	照片	资料来源
10	湖南	黔阳古城太平宫	省级文物保护单位	宝庆会馆又名太平宫，建于清朝中叶，占地400平方米，是宝庆客商在黔阳县城建设的一座大型会馆。太平宫旧分三处，即会馆在下河街，仓库在澄清坊，店铺在南正街，而今仓库、店铺仅存防火墙墙铭，房屋已被它用。宫内有门坊（上有石雕）、戏台、厅室、天井，屋顶为卷棚藻井吊顶，地面平铺青石板，一切照旧		现场调研，自摄
11	湖南	洪江黄州会馆	市级文物保护单位	洪江黄州会馆又名盛业木行，主要营生是将内陆各地木材销往沿海，木材是洪江三大支柱性产业。此木行是湖北黄州人开设，后作为黄州会馆，主要协调湖北商人在洪江的木材生意		现场调研，自摄
12	湖南	攸县禹王宫	市级文物保护单位	攸县禹王宫有近700年的历史，起源于黄甲洲禹庙。据同治《攸县志》县城地貌图所记，黄甲洲在县西二里（今菜花坪谭桥）。这里原来设有"黄甲书院"。人们在这个地方开挖渠道，引水东流灌溉学校北边的土地，这样就形成了黄甲洲		百度百科

编号	地区	名称	保护等级	简介	照片	资料来源
13	湖南	洪江太平宫	—	位于洪江古城河边，仅存山门		现场调研，自摄
14	重庆	重庆湖广会馆	国家级文物保护单位	重庆湖广会馆位于重庆市东水门城门内，现存建筑为道光二十六年（1846年）重建。2004年曾进行修复。其禹王宫依山而建，面对长江。依轴线对称布局，中轴线上依次为戏楼、抱厅、正殿、戏楼和后殿，左右各有厢房和耳房等辅助性建筑。建筑规模宏大，装饰精美讲究。建筑北部有山墙围绕，南部与另一会馆——齐安公所毗邻。禹王宫、齐安公所和广东会馆组成了气势恢宏的湖广会馆建筑群		现场调研，自摄

编号	地区	名称	保护等级	简介	照片	资料来源
15	重庆	丰盛镇禹王宫	市级文物保护单位	丰盛镇禹王宫位于丰盛古镇福寿街。丰盛古镇位于重庆市巴南区东部，是国家级历史文化名镇。丰盛镇肇始于宋代，因为频繁的商贸活动而逐渐发达，有着"长江第一旱码头"的称呼。丰盛镇禹王宫坐北朝南。在修建之初，每一块砖上都刻有"禹王宫"的铭文。根据大殿内屋脊上所写"咸丰七年修"的字样，推测该禹王宫的建设时间至少不晚于1857年		现场调研，自摄
16	重庆	潼南双江禹王宫	市级文物保护单位	双江古镇禹王宫位于双江北街42号，坐西面东，毗邻关帝庙和张飞庙。双江禹王宫始建于清初，在双江老街的古建筑群里，是保存得最完好的，而且也是最为宏伟的之一		现场调研，自摄

编号	地区	名称	保护等级	简介	照片	资料来源
17	重庆	渝北龙兴禹王宫	市级文物保护单位	龙兴禹王宫位于重庆市渝北区龙兴镇支兴场街道，清乾隆二十四年（1759年）筹建，嘉庆九年（1804年）建成大殿和戏楼，道光二十五年（1845年）及光绪年间历经修缮。该建筑占地面积约2000平方米，建筑面积约1500平方米		《重庆会馆志》
18	重庆	北碚偏岩禹王庙	区县级文物保护单位	偏岩禹王庙建于道光十二年（1832年），占地面积419平方米。建筑坐东北向西南，四合院布局，现存正殿以及院坝。正殿为穿斗抬梁结构，悬山顶，上覆小青瓦，面阔3间10.9米，进深3间7.25米，通高7.45米		《重庆会馆志》
19	重庆	江北鱼嘴禹王宫	区县级文物保护单位	鱼嘴禹王庙位于江北区鱼嘴镇鱼城社区中街，始建于清代。建筑占地面积约500平方米，现存面积约100平方米。其坐南向北，四合院布局，现存山门、戏台、天井和数级台阶		《重庆会馆志》

编号	地区	名称	保护等级	简介	照片	资料来源
20	重庆	铜梁县安居镇湖广会馆	区县级文物保护单位	安居湖广会馆占地面积1331平方米。建筑坐东朝西,两进四合院布局,由戏台、正殿、后殿和厢房构成。戏台为单檐歇山顶,穿斗抬梁结构,面阔2间,进深3间,通高8.5米。正殿为单檐悬山式顶,穿斗式梁架,面阔2间9.2米,进深2间9米		《重庆会馆志》
21	重庆	路孔古镇湖广会馆	区县级文物保护单位	路孔湖广会馆占地1500平方米,建筑面积1000平方米。其坐南朝北,四合院布局,由戏台、正殿、厢房组成,中部为青石墁地。通面阔30米,通进深52米。会馆山门临街,位于正殿东侧,穿过山门即为厢房一层,可通往戏台。戏台为穿斗抬梁结构。正殿为单檐悬山式顶,抬梁梁架,面阔3间18米,进深2间9米,外设檐廊,顶为卷棚		《重庆会馆志》

编号	地区	名称	保护等级	简介	照片	资料来源
22	重庆	酉酬禹王庙	区县级文物保护单位	酉酬禹王庙占地面积1502平方米，建筑面积1412平方米。建筑坐西向东，四合院布局，现存正殿、抱厅及左右厢房。正殿位于1.5米高的石基之上，单檐硬山式屋顶，抬梁结构。抱厅为亭式建筑，单檐歇山式屋顶，下落四柱，平面呈方形。抱厅两侧有抱鼓石一对，上雕鹿、麒麟等祥兽图案		《重庆会馆志》
23	重庆	开州郭家镇帝主宫	区县级文物保护单位	郭家帝主宫占地面积400平方米，建筑面积230平方米。其坐北朝南，四合院布局，由戏台、正殿以及左右厢房四部分组成，现仅存正殿。正殿为单檐硬山式屋顶，抬梁梁架		《重庆会馆志》

编号	地区	名称	保护等级	简介	照片	资料来源
24	重庆	双江帝主宫	区县级文物保护单位	双江帝主宫原占地面积500平方米，建筑面积125平方米。现仅存正殿，单檐硬山式屋顶，坐北朝南，穿斗抬梁结构，面阔3间，进深3间，通高8.2米，檐柱为方形石质		《重庆会馆志》
25	重庆	大昌古镇帝主宫	区县级文物保护单位	大昌帝主宫坐西北朝东南，总面阔19.5米，总进深22.4米，占地面积560平方米，建筑面积440平方米。两进四合院布局，由前厅、后殿以及左右厢房组成。前厅为单檐硬山式屋顶。墙体均为空斗砖墙，墙体厚0.4米。山墙以及后檐有黑红彩绘		《重庆会馆志》

编号	地区	名称	保护等级	简介	照片	资料来源
26	重庆	潼南宝龙镇禹王宫	—	宝龙禹王宫建筑面积150平方米。建筑坐北向南,独殿。大殿为单檐悬山式顶,穿斗抬梁结构,面阔3间16米,进深1间13米,通高6米		《重庆会馆志》
27	重庆	永川区板桥镇禹王庙	—	板桥禹王庙占地面积160平方米。建筑坐西向东,独殿,单檐悬山式顶,穿斗抬梁结构,正殿面阔3间15米,进深10.47米,通高7.435米。有方形柱础,高0.6米,边长0.4米,上为木柱,柱径0.38米。建筑装饰主要为木雕,技法多样,门窗为透雕,上方透雕万字纹气窗,额枋浮雕戏曲人物		《重庆会馆志》
28	重庆	秀山石堤古城禹王宫	—	石堤禹王宫仅余封火墙,山墙内白色建筑为禹王宫旧址,今为石堤小学		《重庆会馆志》

编号	地区	名称	保护等级	简介	照片	资料来源
29	重庆	秀山保家镇禹王宫	—	保家镇禹王宫已完全改建，仅剩一座侧门、封火山墙以及部分建筑构件		《重庆会馆志》
30	重庆	梁平虎城镇禹王宫	—	虎城镇禹王宫建筑面积为369.16平方米，坐南朝北，原为四合院布局，由戏楼、抱厅和正殿组成，现存正殿一座。正殿为单檐硬山式屋顶，面阔3间12.6米，进深3间11.4米。穿斗抬梁相结合，外间及里间为穿斗式，中为抬梁式。明间有16根石柱，呈四行排列，石柱周长在1.57米到1.8米之间，高约6米。明间三级驼峰采用浅浮雕技法，有葡萄、佛手以及蝙蝠图案		《重庆会馆志》

编号	地区	名称	保护等级	简介	照片	资料来源
31	重庆	开州长沙镇帝主官	—	长沙镇帝主官占地面积约为400平方米，建筑面积为300平方米。该建筑坐南朝北，原为四合院布局，由戏台、抱厅、正殿以及左右厢房五部分组成，现存正殿和抱厅。正殿单檐硬山式屋顶，抬梁式梁架。长沙帝主官进深较大，正殿与抱厅屋顶做成前后并联的两坡顶形式，中间还有用木架加瓦片建成的排水系统，以防止瓦片之间的缝隙漏水		《重庆会馆志》
32	重庆	巫山县龙溪镇禹王官	—	龙溪禹王官坐东向西，四合院布局。现仅存柱础		《重庆会馆志》
33	重庆	涪陵区同乐乡禹王官	—	同乐禹王官占地面积400平方米，建筑面积239.2平方米。建筑坐南朝北，原为四合院布局，自北向南沿中轴对称分布有戏楼、东西厢房以及正殿，现戏楼和厢房已毁，仅存正殿。正殿为单檐硬山式屋顶，穿斗式梁架，面阔4间20.1米，进深11.9米，通高7.6米，明间梁上题记"大清光绪三十四年建"		《重庆会馆志》

编号	地区	名称	保护等级	简介	照片	资料来源
34	重庆	江津真武场禹王宫	—	真武场禹王宫位于真武场禹王庙街边上，仅存遗迹，包括柱础、柱子、大门以及封火山墙		现场调研，自摄
35	四川	洛带古镇禹王宫	国家级文物保护单位	洛带禹王宫于清乾隆十一年（公元 1746 年）由湖广籍移民修建。会馆现存两殿两院，最特别的是会馆前院天井		现场调研，自摄

编号	地区	名称	保护等级	简介	照片	资料来源
36	四川	合江县福宝古镇禹王宫	市级文物保护单位	福宝禹王庙建于清康熙五十年（1711年），由河南、湖北迁居到福宝的民众捐资修建，故又称"商楚会馆"，是福宝地区豫、鄂民众聚会的地方		现场调研，自摄
37	四川	宜宾李庄慧光寺	市级文物保护单位	李庄慧光寺建于清道光十一年（1831年），坐南朝北，由一主一次两个四合院构成，建筑面积2200平方米，主院有山门、戏楼、正殿、后殿、魁星阁及厢房等建筑。其山门、戏楼均为重檐歇山式顶，檐下饰如意斗拱，整个建筑气势恢宏		现场调研，自摄
38	四川	金堂县土桥镇禹王宫	区县级文物保护单位	土桥禹王宫原名禹庙，始建于清乾隆二十一年（公元1756年），是湖南移民为联络乡谊所建。整个建筑雕梁画栋，金碧辉煌，中央占地面积约3000平方米，建筑面积1921.45平方米，此宫尤以木雕和壁画见长。现存建筑由牌坊、戏台、正殿组成		现场调研，自摄

编号	地区	名称	保护等级	简介	照片	资料来源
39	四川	屏山龙华古镇禹帝宫	区县级文物保护单位	龙华禹王宫位于屏山龙华古镇正街南面,始建于清乾隆三十三年(1768年),乾隆五十年(1785年)建戏楼。总面积1870平方米,曾由龙华粮店使用		现场调研,自提
40	四川	南江长赤镇禹王宫	区县级文物保护单位	长赤禹王宫建于清嘉庆二年(1797年),为四合院中式砖木结构建筑。山门前壁有青砖浮雕花卉、飞禽、走兽、喜字图案和张飞锁当阳桥图以及白鹤寿星图等,刻工精美,表情生动		百度百科
41	四川	武胜沿口古镇禹王宫	—	沿口禹王宫位于沿口古镇老街中段半山腰处,由一圈红墙围成,内部建筑较为破败		现场调研,自摄
42	四川	大同古镇禹王宫	—	大同禹王宫位于古镇平街与码头交接的山上,现存石库门形式的正门以及外围墙,内部建筑坍圮严重,处于危房状态		现场调研,自摄

编号	地区	名称	保护等级	简介	照片	资料来源
43	四川	资中县铁佛镇禹王庙	—	铁佛禹王庙具体建造年代不详，仅留大殿部分，山门、戏台、厢房等已不可见，现为茶馆		现场调研，自摄
44	四川	三台郪江古镇帝主庙	—	位于屏山龙华古镇正街南面。建于清乾隆三十三年（1768年），乾隆五十年（1785年）建戏楼。总面积1870平方米，曾由龙华粮店使用。禹帝宫呈中轴线对称布局，轴线上依次为：山门、戏楼、前殿和后殿。殿前配以厢房构成前后两个四合院		现场调研，自摄
45	贵州	石阡禹王宫	国家级文物保护单位	石阡禹王宫又称湖广会馆，位于今汤山镇长征路北端，坐北面南，与万寿宫并列。禹王宫由知府林大经于明万历十五年（1587年）始建，称为"水府阁"。清顺治十四年（1657年）毁。后来又由知府黄良佐在康熙五十五年（1716年）重建。后续的维修增建工程在清康熙五十五年（1716年）、乾隆四十五年（1780年）以及嘉庆二十年（1815年）相继进行		现场调研，自摄

编号	地区	名称	保护等级	简介	照片	资料来源
46	贵州	黎平两湖会馆	省级文物保护单位	黎平两湖会馆是贵州省级文物保护单位,始建于清嘉庆二年(1797年),光绪年间维修,坐西向东,由门楼、戏楼、禹王宫、佛殿、洞庭宫、房厅、三楹阁楼、水面曲廊等组成。黎平原隶湖广,后属贵州。咸丰元年(1851年)冬维修		百度百科
47	贵州	镇远两湖会馆	—	镇远两湖会馆最初是清朝光绪年间一品大员谭均培的旧居,在谭均培举家迁移至谭公馆后,便把这座老宅卖给了当时来镇远经商的湖南、湖北商人,于此成立了两湖会馆。解放后,成为两湖小学的校址		现场调研,自摄

编号	地区	名称	保护等级	简介	照片	资料来源
48	云南	会泽湖广会馆	国家级文物保护单位	会泽湖广会馆是会泽八大会馆之首。始建于清康熙四十六年（1707年），于乾隆三十六年（1771年）又募捐重修，总占地面积8472.4平方米，建筑面积3127.6平方米		现场调研，自摄
49	陕西	漫川关武昌会馆	省级文物保护单位	漫川关武昌会馆位于漫川关镇街道村，属清代建筑。其大部分建筑在"文化大革命"中被拆除，现仅存与骡帮会馆毗邻的两间房屋		现场调研，自摄
50	陕西	蜀河黄州会馆	省级文物保护单位	其始建年代约为清代中期，后经分期造作，至同治十二年（1873年）全部建筑竣工。正殿面阔11.65米，进深7.69米，硬山式屋顶。左侧山墙有石碑一通，记录依次修建的经过，字迹清晰，保存完好		现场调研，自摄

编号	地区	名称	保护等级	简介	照片	资料来源
51	陕西	安康禹王宫	市级文物保护单位	安康禹王宫始建于唐代，明弘治年间扩建，清道光年间重修，现主体建筑保存完好。它是为纪念大禹治水的功绩而建，禹王宫内立有禹王塑像		李熙《安康传统民居型制及建筑细部意匠探究》
52	江苏	江都湖北会馆	市级文物保护单位	会馆正屋西隔巷道有西传庭，进深10檩，双5架并联梁，庭后有3开间楼房，楼下明间为蝴蝶厅；靠墙东、西有楠木围屏12扇，雕刻的人物神态逼真。会馆有南北天井2方		百度百科
53	江苏	扬州湖南会馆	市级文物保护单位	扬州湖南会馆始建于明。清初属陈氏，名"小方壶"；继归黄氏，改名"驻春园"；乾隆时归洪氏，易名"小盘洲"；道光二十四年（1844年）包松溪改建为棣园。光绪初年，湘籍盐商建立湖南会馆。湘乡曾国藩任两江总督时阅兵扬州，驻节园内。现存磨砖门楼为扬州之最		现场调研，张晓莉摄

编号	地区	名称	保护等级	简介	照片	资料来源
54	江苏	扬州湖北会馆	市级文物保护单位	距今 140 年的扬州湖北会馆，坐落在扬州市南河下 114-2 号内，与扬州现存最大的盐商住宅汪鲁门故居仅一墙之隔，与清代广西巡抚张联桂故居毗邻。会馆坐北面南，东与盐商汪鲁门住宅毗连，南临南河下古街，西与育才小学为邻，北至木香巷	—	—
55	安徽	蚌埠禹王宫	省级文物保护单位	蚌埠涂山顶峰的禹王宫也叫禹王庙，属于省重点文物保护单位，同时也是省道教重点道观。历代游人在此登高游玩，同时凭吊启母以及缅怀禹功。据记载：汉高祖刘邦南征英布经过涂山，下令在山顶建造禹庙，同时还在对面的荆山顶建启王殿。可见蚌埠禹王宫至少有两千年的历史		现场调研，自摄

编号	地区	名称	保护等级	简介	照片	资料来源
56	安徽	亳州禹王宫	市级文物保护单位	亳州禹王宫坐落在亳州新民街的中段路北，离涡河100多米，院子面积约2500平方米，现仅存正殿一座		现场调研，自摄
57	河南	荆紫关禹皇宫	市级文物保护单位	荆紫关禹皇宫位于荆紫关古街道东侧，坐东向西，面江而建，现存建筑分前宫、中宫、后宫三大部分，规模庞大，具有浓厚的清代建筑风格		现场调研，自摄

续表

编号	地区	名称	保护等级	简介	照片	资料来源
58	河南	郑州湖北会馆	市级文物保护单位	郑州湖北会馆始建于1915年，由在郑经商的湖北修鞋匠、缝纫匠、茶商出资建造。1923年，作为郑州铁路工人夜校，为著名的"二七"大罢工培养了许多积极分子。1987年，郑州市政府把"湖北会馆"（即"三益街工人夜校旧址"）列为市级文物护单位		现场调研，自摄
59	山东（1）	青岛两湖会馆	市级文物保护单位	青岛两湖会馆旧址位于青岛市南区大学路54号，建于1933年，设计师为王枚生，现为大学路小学教学楼		维基百科
60	北京	北京湖广会馆	省级文物保护单位	北京湖广会馆位于西城区骡马市大街东口南侧，总面积达4万多平方米，是北京仅存的建有戏楼的会馆之一，属于省级文物保护单位。北京湖广会馆起源于明朝万历年间，当时的首辅张居正为了方便家乡子弟在京城科考，捐出私宅修建了全楚会馆，这一举动也引领了后来北京修建仕子会馆的风潮。朝代更替以后，这里又成为私宅，纪晓岚曾居住于此直到嘉庆十二年（1807年）才重修湖广会馆。会馆中的大戏台则建于道光十年（1830年）		现场调研，自摄

续表

编号	地区	名称	保护等级	简介	照片	资料来源
61	北京	北京湖南会馆	市级文物保护单位	光绪十三年（1887年）八月，在京湘籍官员在菜市口朝南的烂漫胡同内购址，设立"湖南会馆"。这里曾是湖南学子进京赶考安歇之处，民国后逐渐成为湖南同乡学子赴京求学或谋生的旅居之所。《北京湖南会馆》载："馆共三十六间，内设戏台一座、文昌阁楼一座、东厅署、望衡堂、西厅及中庭均横敞，为平时集合之所"。南房壁上有光绪十年（1884年）长沙徐树均重刻的苏东坡书《明州阿育王山广利寺宸奎阁碑》		百度百科
62	北京	麻城会馆	—	清乾隆年间文人吴长元著有《宸垣识略》一书，该书第九卷记有"东城会馆之著者……草厂头条胡同曰广州、麻城、金箔"，由此可推断出麻城会馆在乾隆年间就存在		现场调研，自摄

219

续表

编号	地区	名称	保护等级	简介	照片	资料来源
63	北京	孝感会馆	—	康熙二年（1663年）孝感人熊赐履升任国子监司业，他效法张居正，出面邀请在京津居官的人士会谈，捐资购地，兴建了孝感会馆		现场调研，自摄
64	北京	黄冈会馆	—	北京黄冈会馆为典型四合院布局，正门保留较好，进深比较大，约1.5米，由两跨共三排柱子支撑，其内部加建改建较多，大殿等已不存在		现场调研，自摄

续表

编号	地区	名称	保护等级	简介	照片	资料来源
65	北京	黄安会馆	—	红安原名叫黄安，初设于明代，至今已有400年历史。北京黄安会馆是在1542年由一个叫李大夏的麻城人向朝廷提议修建的		现场调研，自摄
66	北京	辰沅会馆	—	建筑保留较为完好		现场调研，自摄

续表

编号	地区	名称	保护等级	简介	照片	资料来源
67	北京	宝庆会馆	—	北京宝庆会馆正门保留比较完好，两跨由柱子支撑，出檐较深。门楣处依稀可以辨认出精美的雕花。内部虽有加建加改，总体布局仍然可以辨认		现场调研，自摄